高等院校艺术设计类专业系列教材

Premiere Pro CC
影视编辑技术教程

（第三版）

杨成文　孙　晗　编著

U0252526

清华大学出版社
北　京

内容简介

本书全面系统地讲解了视频编辑软件Premiere Pro CC的各项功能和编辑技巧，从而帮助读者快速掌握这款软件的使用方法。全书共13章，内容包括视频的基础知识、软件概述、工作区和项目设置、素材管理、修剪素材、序列编辑、运动动画、视频效果、过渡效果、音频效果、文本图形、导出和综合案例等。书中包含数十个案例，可以帮助读者将所学知识融会贯通，积累制作经验，逐渐提升技术水平。同时，通过知识补充、提示、小技巧等讲述方式扩展知识的深度和广度，使读者更容易掌握技术要领。

本书附赠立体化教学资源，包括素材文件、案例文件、教学视频、PPT教学课件，为读者学习提供全方位的支持，提高读者的学习兴趣和学习效率。

本书可作为各高等院校、职业院校和培训机构相关专业的教材，也可作为广大视频编辑爱好者或相关从业人员的自学手册和参考资料。

图书在版编目(CIP)数据

Premiere Pro CC影视编辑技术教程 / 杨成文，孙晗编著. —3版. —北京：清华大学出版社，2022.1(2024.8重印)
高等院校艺术设计类专业系列教材
ISBN 978-7-302-59518-2

Ⅰ.①P…　Ⅱ.①杨…②孙…　Ⅲ.①视频编辑软件—高等学校—教材　Ⅳ.①TN94

中国版本图书馆CIP数据核字(2021)第230507号

责任编辑：李　磊
封面设计：杨　曦
版式设计：孔祥峰
责任校对：马遥遥
责任印制：杨　艳

出版发行：清华大学出版社
　　　　　网　　　址：https://www.tup.com.cn, https://www.wqxuetang.com
　　　　　地　　　址：北京清华大学学研大厦A座　　　　邮　　编：100084
　　　　　社　总　机：010-83470000　　　　　　　　　邮　　购：010-62786544
　　　　　投稿与读者服务：010-62776969，c-service@tup.tsinghua.edu.cn
　　　　　质　量　反　馈：010-62772015，zhiliang@tup.tsinghua.edu.cn
印　装　者：三河市龙大印装有限公司
经　　　销：全国新华书店
开　　　本：185mm×260mm　　印　　张：17.25　　字　　数：463千字
版　　　次：2010年1月第1版　　2022年3月第3版　　印　　次：2024年8月第3次印刷
定　　　价：79.80元

产品编号：088773-01

Premiere Pro CC | 教学大纲

序号	学习内容	知识学习目标	能力培养目标	学习要求			学时	教学方式
				记忆	理解	应用		
01	第1章 视频基础	视频编辑制作的格式规范 电视制式 文件格式 剪辑基础知识	了解视频制作的基础知识和格式规范	√	√		1	讲授
02	第2章 软件概述 第3章 工作区和项目设置	软件中各个菜单和面板的功能和内容 工作区编辑 项目管理	熟悉软件特点及其界面使用 熟悉工作区的操作方法 熟悉项目设置的方法	√	√		3	讲授
03	第4章 素材管理	捕捉和导入素材 创建素材和剪辑 管理素材	熟悉素材管理的方法	√	√		1	讲授
04	案例实践	学习"我爱世界杯"案例的编辑方法	掌握素材管理的方法	√	√	√	1	练习
05	第5章 修剪素材	监视器的常用功能 修剪工具的使用	熟悉使用监视器和修剪工具修剪素材的方法	√	√		1	讲授
06	案例实践	学习"视频剪辑"案例的编辑方法	掌握监视器和修剪工具的使用方法	√	√	√	1	练习
07	第6章 序列编辑	创建序列的方法 编辑素材的常用命令	熟悉编辑序列的方法	√	√		1	讲授
08	案例实践	学习"视频变速"案例的编辑方法	掌握在序列中编辑素材的方法	√	√	√	2	练习
09	第7章 运动动画	创建关键帧 图层混合模式	熟悉制作关键帧动画的方法 了解图层的混合模式	√	√		1	讲授
10	案例实践	学习"运动动画"案例的编辑方法	掌握制作关键帧动画的方法	√	√	√	2	练习

（续表）

序号	学习内容	知识学习目标	能力培养目标	学习要求			学时	教学
				记忆	理解	应用		方式
11	第8章 视频效果 第9章 过渡效果 第10章 音频效果	视频效果 视频过渡效果 音频效果 音频过渡效果	熟悉各种音视频效果和过渡效果的特点	√	√		2	讲授
12	案例实践	学习"热气球""西部世界""古诗伴奏"案例的编辑方法	掌握音视频效果和过渡效果的使用方法	√	√	√	3	练习
13	第11章 文本图形	文本、图形 滚动文本	熟悉创建多种文本和基本图形的方法	√	√		1	讲授
14	案例实践	学习"泡沫"案例的编辑方法	加深理解字幕和图形的使用方法	√	√	√	2	练习
15	第12章 导出	导出文件 输出图像 输出音视频文件	熟悉导出各种格式文件的方法	√	√		1	讲授
16	案例实践	学习"功夫熊猫"案例的编辑方法	掌握输出AVI格式和MPEG格式影片的方法	√	√	√	1	练习
17	第13章 综合案例	学习"咖啡专辑""电影宣传片""度假酒店"综合案例的编辑方法	掌握影视编辑实践技巧	√	√	√	4	练习

Premiere 是 Adobe 公司推出的一款影视编辑软件，其突出特点是专业、简洁、方便、实用。这款软件被广泛应用于影视、广告、包装等领域，并深受广大视频制作者和爱好者的喜爱。

本书比较系统地讲解了视频和剪辑的基础知识、操作界面、效果命令、制作方法等方面的内容。全书共 13 章，第 1 章介绍视频和剪辑的基础知识，让读者了解视频的基础格式、电视制式、文件格式和剪辑的基础知识等；第 2、3 章介绍 Premiere Pro CC 的基础设置、软件菜单、功能面板、快捷键、工作界面等；第 4 章介绍项目素材的管理方法，让读者掌握导入素材、创建素材及管理素材的常用方法和技巧；第 5 章介绍使用监视器和修剪工具修整裁剪素材的方法；第 6 章介绍序列编辑命令，让读者掌握编辑序列的方法，熟悉编辑素材的常用命令；第 7 章介绍关键帧动画，让读者掌握制作视频动画的方法和技巧；第 8 ~ 10 章介绍视频效果、过渡效果和音频效果，让读者熟悉软件中各种效果的特点和添加方法；第 11 章介绍基本图形面板，让读者掌握创建多种文本和基础图形的方法和技巧；第 12 章介绍导出和输出文件的方法，让读者了解导出和输出项目文件的类型及应用方法；第 13 章为综合案例，启发读者将软件功能应用在不同类型的项目制作中。

本书按照项目制作的流程进行编写，思路明确，分类清晰。章节内容结构完整、图文并茂、通俗易懂，并配有多个知识提示和操作案例。通过理论与实际案例相结合的方式进行讲解，可以让读者更加轻松地掌握软件命令，提高学习效率。

本书适合相关专业学生学习使用，也适合视频制作的爱好者学习提高。

本书由杨成文、孙晗编著，受编者水平所限，书中难免存有不妥之处，希望广大读者朋友不吝指正。服务电子邮箱为 wkservice@vip.163.com。

本书提供教学课件、教学视频、案例源文件及素材等配套资源。扫描右侧二维码，将内容推送到自己的邮箱中，下载即可获得相应的资源(注意：请将二维码下的压缩文件全部进行解压后，再将相应内容保存在D盘中，以方便在打开案例文件时查找素材路径)。

编 者

2021 年 12 月

Premiere Pro CC | 目录

第 3 章　工作区和项目设置

第 4 章　素材管理

第 7 章　运动动画

第 8 章　视频效果

第 9 章 过渡效果

第 10 章 ▶ 音频效果

第 11 章　文本图形

第 12 章　导出

第 13 章　综合案例

第 1 章

视 频 基 础

通过本章的学习，用户可以对视频编辑有一个宏观的认识，为以后的学习奠定理论基础。本章主要介绍视频编辑制作的基础常识和格式规范，以及一些剪辑技巧和常识，内容包括视频格式基础、电视制式、文件格式和剪辑基础等。这些知识可以帮助用户更加专业地进行图形影像处理，制作出更加标准化、专业化的视频影片。

1.1 视频格式基础

掌握视频格式的基础知识，可以更加有效地对视频进行编辑处理，以在设置和制作环节选择更为合适和正确的格式选项。

1.1.1 像素

像素 (Pixel) 是由图像 (Picture) 和元素 (Element) 两个单词组成的，是用来计算数码影像的一种单位。像素是指基本原色素及其灰度的基本编码，是构成数字图像的基本单元，通常以像素 / 英寸 (pixels per inch，ppi) 为单位来表示图像分辨率的大小。

把图像放大数倍，会发现图像是由多个色彩相近的小方格组成的，这些小方格即为构成图像的最小单位——像素，如图 1-1 所示。

最小的图形单元显示在屏幕上通常是单个的染色点。图像中的像素点越多，拥有的色彩越丰富，图像效果就越好，也就越能表达色彩的真实感，如图 1-2 所示。

图 1-1

1.1.2 像素比

像素比是指图像中的一像素的宽度与高度之比，而帧纵横比则是指图像的一帧的宽度与高度之比。方形像素比为 1.0(1 : 1)，矩形像素比则不是 1 : 1。一般计算机像素为方形像素，电视像素为矩形像素。

高像素

低像素

图 1-2

1.1.3 图像尺寸

数字图像以像素为单位表示画面的高度和宽度。图像分辨率越高，所需像素越多。标准视频的图像尺寸有许多种，如 DV 画面的大小为 720×576 像素，HDV 画面的大小为 1280×720 像素和 1400×1080 像素，HD（高清）画面的大小为 1920×1080 像素，等等。

1.1.4 帧

帧就是动态影像中的单幅影像画面，是动态影像的基本单位，相当于电影胶片上的每一格镜头，如图 1-3 所示。一帧就是一个静止的画面，快速播放多个画面逐渐变化的帧，就形成了动态影像。

图 1-3

1.1.5 帧速率

帧速率就是每秒所显示静止图像的帧数，通常用 fps(frames per second) 表示。帧速率越高，影像画面的动画就越流畅。帧速率如果过小，视频画面就会不连贯，影响观看效果。电影的帧速率为 24fps，我国电视的帧速率为 25fps。

1.1.6 时间码

时间码是摄像机在记录图像信号时，针对每一幅图像记录的唯一的时间编码。数据信号流为视频中的每一帧都分配一个数字，每一帧都有唯一的时间码，格式为"小时 : 分 : 秒 : 帧"。例如，01:23:45:10 表示 1 小时 23 分 45 秒 10 帧。

1.1.7 场

每一帧由两个场组成，奇数场和偶数场，又称为上场和下场。场以水平分隔线的方式隔行保存帧的内容，在显示时可以选择优先显示上场内容或下场内容。计算机操作系统是以非交错扫描形式显示视频的，每一帧图像一次性垂直扫描完成，即为无场。

1.2 电视制式

电视制式是用来实现电视图像或声音信号所采用的一种技术标准，电视信号的标准可以简称为制式。目前世界上各个国家所采用的电视制式不尽相同，主要表现在帧速率、分辨率和信号带宽等多方面。世界上主要使用的电视制式有 NTSC、PAL 和 SECAM 三种，分布在世界各个国家和地区。

1.2.1 NTSC 制式

NTSC(National Television System Committee，美国国家电视系统委员会) 制式一般被称为正交调制式彩色电视制式，是 1952 年由美国国家电视标准委员会指定的彩色电视广播标准，采用正交平衡调幅的技术方式。

采用 NTSC 制式的国家有美国、日本、韩国、菲律宾和加拿大等。

1.2.2　PAL 制式

PAL(Phase Alternating Line，逐行倒相) 制式一般被称为逐行倒相式彩色电视制式，是 1962 年由联邦德国制定的彩色电视广播标准，它采用逐行倒相正交平衡调幅的技术方法，克服了 NTSC 制式相位敏感导致色彩失真的缺点。

采用 PAL 制式的国家有德国、中国、英国、意大利和荷兰等。根据不同的参数细节，可将 PAL 制式进一步划分为 G、I、D 等制式，中国采用的是 PAL-D 制式。

1.2.3　SECAM 制式

SECAM(Systeme Electronique Pour Couleur Avec Memoire，顺序传送彩色与记忆制) 制式一般被称为轮流传送式彩色电视制式，是法国在 1956 年提出，1966 年制定的一种新的彩色电视制式。

采用 SECAM 制式的国家和地区有法国、东欧、非洲各国和中东一带。

1.3　文件格式

文件格式不同，其编码方式及应用特点也会有所不同。掌握这些格式的编码方式和特点，便于选择更合适的格式进行应用。

1.3.1　图像格式

图像格式是计算机存储图像的格式。常见的图像格式有 GIF 格式、JPEG 格式、BMP 格式和 PSD 格式等。

1. GIF 格式

GIF(Graphics Interchange Format，图形交换格式) 是一种基于 LZW 算法的连续色调的无损压缩格式。该格式的压缩率一般在 50% 左右，支持的软件较为广泛，可以在一个文件中存储多幅彩色图像，并逐渐显示，构成简单的动画效果。

2. JPEG 格式

JPEG(Joint Photographic Expert Group，联合图像专家组) 格式是较常用的图像文件格式之一，由软件开发联合会组织制定，是一种有损压缩格式，能够将图像压缩在很小的存储空间中。JPEG 格式是目前网络上最流行的图像格式，可以把文件压缩到最小，可以用最少的磁盘空间得到较好的图像品质。

3. TIFF 格式

TIFF(Tag Image File Format，标签图像文件格式) 是由 Aldus 和 Microsoft 公司为桌上出版系统研制开发的一种较为通用的图像文件格式。该格式支持多种编码方法，是图像文件格式中较复杂的格式之一，具有扩展性、方便性、可改性等特点，多用于印刷领域。

4. BMP 格式

BMP(Bitmap，位图图像) 格式是 Windows 环境中的标准图像数据文件格式。BMP 格式采用位映射存储格式，不采用其他任何压缩，所需空间较大，支持的软件较为广泛。

5. TGA 格式

TGA 格式又称为 Targa，全称为 Tagged Graphics，是一种图形、图像数据的通用格式，是多媒体视频编辑转换的常用格式之一。TGA 格式对不规则形状的图形图像支持较好，支持压缩，使用不失真的压缩算法。

6. PSD 格式

PSD 格式的全称为 Photoshop Document，是 Photoshop 图像处理软件的专用文件格式。PSD 格式支持图层、通道、蒙版和不同色彩模式的各种图像特征，是一种非压缩的原始文件保存格式。该格式保留图像的原始信息和制作信息，方便软件处理和修改，但文件较大。

7. PNG 格式

PNG(Portable Network Graphics，便携式网络图形)格式能够提供比 GIF 格式还要小的无损压缩图像文件，并且保留了通道信息，可以制作背景为透明的图像。

1.3.2 视频格式

视频格式是计算机存储视频的格式。常见的视频格式有 MPEG 格式、AVI 格式、MOV 格式和 3GP 格式等。

1. MPEG 格式

MPEG(Moving Picture Experts Group，动态图像专家组)是针对运动图像和语音压缩制定国际标准的组织。MPEG 标准的视频压缩编码技术主要利用了具有运动补偿的帧间压缩编码技术以减小时间冗余度，大大增强了压缩性能。MPEG 格式被广泛应用于各个商业领域，成为主流的视频格式之一。MPEG 格式包括 MPEG-1、MPEG-2 和 MPEG-4 等。

2. AVI 格式

AVI（Audio Video Interleaved，音频视频交错）格式是将语音和影像同步组合在一起的文件格式。通常情况下，一个 AVI 文件里会有一个音频流和一个视频流。AVI 格式是 Windows 操作系统中最基本的也是最常用的一种媒体文件格式，被广泛应用于影视、广告、游戏和软件等领域，但由于该文件格式占用内存较大，经常需要进行压缩。

3. MOV 格式

MOV 格式即 QuickTime 影片格式，是 Apple 公司开发的视频格式，是一种优秀的视频编码格式，也是常用的视频格式之一。

4. ASF 格式

ASF(Advanced Streaming Format，高级串流格式)是一种可以在网上即时观赏的视频流媒体文件压缩格式。

5、WMV 格式

WMV（Windows Media Video，Windows 媒体视频）格式是微软公司推出的一种流媒体格式。在同等视频质量下，WMV 格式的文件可以边下载边播放，很适合在网上播放和传输，因此也成为常用的视频文件格式之一。

6. 3GP 格式

3GP 格式是一种 3G 流媒体的视频编码格式，主要是为了配合 3G 网络的高传输速度而开发的，也是手机视频格式中较为常见的一种。

7. FLV 格式

FLV(Flash Video，流媒体) 格式是一种流媒体视频格式。FLV 格式文件体积小，方便网络传输，多用于网络视频播放。

8. F4V 格式

F4V 格式是 Adobe 公司为了迎接高清时代而推出的继 FLV 格式后的支持 H.264 的 F4V 流媒体格式。F4V 格式和 FLV 格式主要的区别在于，FLV 格式采用的是 H.263 编码，而 F4V 格式则支持 H.264 编码的高清晰视频。在文件大小相同的情况下，F4V 格式文件更加清晰流畅。

1.3.3　音频格式

音频格式是计算机存储音频的格式，常见的音频格式有 WAV 格式、MP3 格式、MIDI 格式和 WMA 格式等。

1. WAV 格式

WAV 格式是微软公司开发的一种声音文件格式。该格式支持多种压缩算法，支持多种音频位数、采样频率和声道。WAV 格式支持的软件也较为广泛。

2. MP3 格式

MP3 格式全称为 MPEG Audio Player 3，是 MPEG 标准中的音频部分，也就是 MPEG 音频层。MP3 格式采用保留低音频、高压高音频的有损压缩模式，具有 10 ∶ 1 ~ 12 ∶ 1 的高压缩率，因此 MP3 格式文件的体积小、音质好，是较为流行的音频格式。

3. MIDI 格式

MIDI(Musical Instrument Digital Interface，乐器数字接口) 格式是编曲界使用最广泛的音乐标准格式。MIDI 格式用音符的数字控制信号来记录音乐，在乐器与计算机之间以较低的数据量进行传输，存储在计算机里的数据量也相当小，一个 MIDI 文件每存 1 分钟的音乐只占用 5 ~ 10KB。

4. WMA 格式

WMA (Windows Media Audio) 格式是微软公司推出的音频格式，该格式的压缩率一般都可以达到 1 ∶ 18，其音质超过 MP3 格式，更远胜于 RA(RealAudio) 格式，成为广受欢迎的音频格式之一。

5. RealAudio 格式

Real 的文件格式主要有 RA(RealAudio)、RM(RealMedia，RealAudio G2) 和 RMX(RealAudio Secured) 等。其中 RealAudio 格式是一种可以在网上实时传输和播放的音频流媒体格式。RA 文件的压缩比例高，可以随网络带宽的不同而改变声音的质量，带宽高的听众可以听到较好的音质。

6. AAC 格式

AAC (Advanced Audio Coding，高级音频编码技术) 格式是由杜比实验室提供的技术。

AAC 格式是遵循 MPEG-2 规格所开发的技术，可以在比 MP3 格式小 30% 的体积下，提供更好的音质效果。

1.4 剪辑基础

剪辑就是将影片制作过程中所拍摄的大量镜头素材，利用非线性编辑软件，并遵循一定的镜头语言和剪辑规律，经过选择、取舍、分解和组接，最终完成一个连贯流畅、主题明确的艺术作品。

1.4.1 非线性编辑

非线性编辑是相对于传统的以时间顺序进行线性编辑而言的。非线性编辑借助计算机进行数字化制作，几乎所有的工作都在计算机上完成，不依靠外部设备，打破了传统的以时间顺序编辑的限制，根据制作需求自由排列组合，具有快捷、简便、随机的特性。

1.4.2 镜头

在影视作品的前期拍摄中，镜头是指摄像机从启动到关闭期间，不间断摄取的一段连续的画面。在后期编辑时，镜头可以指两个剪辑点间的一组画面。在前期拍摄过程中，镜头是组成影片的基本单位，也是非线性编辑的基础素材。非线性编辑软件就是对镜头的重新组接和裁剪编辑处理。

1.4.3 景别

景别是指由于摄影机与被摄体的距离不同，而造成被摄体在镜头画面中所呈现出的范围大小的区别。景别一般可分为 5 种，由近至远分别为特写、近景、中景、全景、远景，如图 1-4 所示。

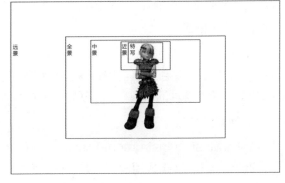

图 1-4

1.4.4 运动拍摄

运动拍摄是指在一个镜头中通过移动摄像机机位，或者改变镜头焦距所进行的拍摄。通过这种拍摄方式所拍到的画面，称为运动画面。通过推、拉、摇、移、跟、升降摄像机和综合运动摄像机，可以形成推镜头、拉镜头、摇镜头、移镜头、跟镜头、升降镜头和综合运动镜头等运动镜头画面。

1.4.5 镜头组接

镜头组接就是将拍摄的画面镜头，按照一定的构思和逻辑有规律地串连在一起。一部影片由许多镜头合乎逻辑地、有节奏地组接在一起，从而清楚地表达作者的阐释意图。在后期剪辑的过程中，需要遵循镜头组接的规律，使影片表达得更为连贯流畅。画面组接的一般规律就是动接动、静接静和声画统一等。

第2章

软件概述

用户可以通过本章对 Premiere Pro CC 软件进行初步了解，熟悉软件特点及其界面使用。软件编辑制作的所有功能命令都可以在菜单或面板中找到。因此，了解软件各个菜单所包含的命令，掌握不同功能面板的使用方法十分重要。

2.1 软件简介

Premiere Pro CC 软件是 Adobe 公司推出的一款优秀的专业视频编辑软件，其突出特点是专业、简洁、方便、实用，并在剪辑领域被广为使用，如图 2-1 所示。

Premiere Pro CC 软件提供了采集、剪辑、调色、美化音频、字幕添加、输出、DVD 刻录的一整套流程，并和其他 Adobe 软件高效集成，帮助用户完成在编辑、制作、工作流程上遇到的所有挑战，满足用户创建高质量作品的要求。

图 2-1

2.2 软件菜单

Premiere Pro CC 的菜单栏包含 8 个菜单，分别是【文件】【编辑】【剪辑】【序列】【标记】【图形】【窗口】和【帮助】，如图 2-2 所示。

图 2-2

2.2.1 文件菜单

【文件】菜单主要用于对项目文件进行管理，包含新建项目、保存项目、导入素材和导出项目等操作，如图 2-3 所示。

※ 命令详解

【新建】：用于创建一个新的项目或各种类型的素材文件。

【打开项目】：用于打开一个 Premiere 项目。

【打开团队项目】：用于打开一个 Premiere 团队项目。

【打开最近使用的内容】：用于打开一个最近编辑过的 Premiere 项目。

【转换 Premiere Clip 项目】：用于转换成 Adobe Premiere Clip 项目，以便在移动设备 (如 iPad) 上制作视频。

【关闭】：用于关闭当前选择的面板。

【关闭项目】：用于关闭当前项目，但不退出软件程序。

【关闭所有项目】：用于关闭所有项目，但不退出软件程序。

【刷新所有项目】：用于刷新工作空间中的所有项目资源。

【保存】：用于保存当前项目。

【另存为】：用于将当前项目重新命名保存，或者将项目保存到其他路径位置上，并且停留在新的项目编辑环境下。

【保存副本】：用于为当前项目存储一个项目副本，存储后仍停留在原项目编辑环境下。

【全部保存】：用于保存打开的全部文件及其所包含的所有音频文件到指定文件名和位置。

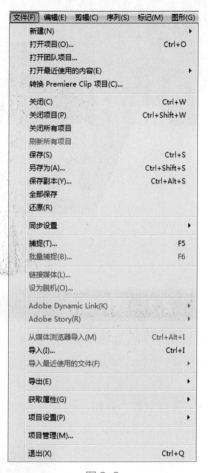

图 2-3

【还原】：用于将项目恢复到上一次保存过的项目版本。

【同步设置】：用于让用户将常规首选项、键盘快捷键、预设和库同步到 Creative Cloud 中。

【捕捉】：用于从外接设备中采集素材。

【批量捕捉】：用于从外接设备中自动采集多个素材。

【链接媒体】：用于重新查找脱机素材，使其与源文件重新链接在一起。

【设为脱机】：用于将素材的位置信息删除，可减轻运算负担。

【Adobe Dynamic Link】：用于建立一个动态链接，方便项目与 After Effect 等软件配合调整编辑，移动素材不需进行中介演算，从而提高工作效率。

【Adobe Story】：用于让用户导入在 Adobe Story 软件中创建的脚本。

【从媒体浏览器导入】：用于将媒体资源管理器中所选择的文件导入【项目】面板中。

【导入】：用于将计算机中的文件导入【项目】面板中。

【导入最近使用的文件】：用于将最近使用的文件导入【项目】面板中。

【导出】：用于将编辑完的项目导出为图片、音频、视频或者其他格式文件。

【获取属性】：用于获取所选择的文件的相关属性信息。

【项目设置】：用于设置项目的常规和暂存盘，设置视频显示格式、音频显示格式和项目自动保存路径等。

【项目管理】：用于创建项目整合后的副本。

【退出】：用于退出 Premiere Pro CC 软件，关闭程序。

2.2.2 编辑菜单

【编辑】菜单包括整个程序中通用的标准编辑命令，如
【复制】【粘贴】【撤销】等，如图 2-4 所示。

　※ 命令详解

【撤销】：撤销上一次的操作。

【重做】：恢复上一次的操作。

【剪切】：用于将选中的内容剪切到剪贴板中。

【复制】：用于将选中的内容复制一份。

【粘贴】：用于将剪切或复制的内容粘贴到指定区域。

【粘贴插入】：用于将剪切或复制的内容，在指定区域以
插入的方式进行粘贴。

【粘贴属性】：用于将其他素材属性粘贴到选定素材上。

【删除属性】：用于删除文档属性，以便编辑自定义属性。

【清除】：用于删除所选择的内容。

【波纹删除】：用于删除所选择的素材，后面的素材会
自动移动到被删除的素材的位置，时间序列中不会留下空白
间隙。

图 2-4

【重复】：用于复制在【项目】面板中选中的素材。

【全选】：用于选择当前面板中的全部内容。

【选择所有匹配项】：用于选择【时间轴】面板中多个源于同一素材的素材片断。

【取消全选】：用于取消所有选择状态。

【查找】：用于在【项目】面板中查找素材。

【查找下一个】：用于在【项目】面板中查找多个素材。

【标签】：用于改变素材的标签颜色。

【移除未使用资源】：用于快速删除【项目】面板中多余的素材。

【团队项目】：用于编辑和管理团队项目。

【编辑原始】：用于将选中的素材在其他程序中进行编辑。

【在 Adobe Audition 中编辑】：用于将音频素材导入 Adobe Audition 中进行编辑。

【在 Adobe Photoshop 中编辑】：用于将图片素材导入 Adobe Photoshop 中进行编辑。

【快捷键】：用于指定键盘快捷键。

【首选项】：用于设置 Premiere Pro CC 软件的一些基本参数。

2.2.3 剪辑菜单

【剪辑】菜单主要用于对素材进行编辑处理，包含【重命名】【插入】和【覆盖】等命令，如
图 2-5 所示。

※ 命令详解

【**重命名**】：用于对选中的对象重新命名。

【**制作子剪辑**】：用于将【源监视器】面板中编辑好的素材创建为一个新的附加素材。

【**编辑子剪辑**】：用于编辑新附加素材的入点和出点。

【**编辑脱机**】：用于脱机编辑素材。

【**源设置**】：用于对素材源对象进行设置。

【**修改**】：用于修改素材音频声道或时间码等，并可以查看或修改素材信息。

【**视频选项**】：用于对视频素材的帧定格、场选择、帧混合和帧大小等选项进行设置。

【**音频选项**】：用于对音频素材的增益、拆分为单声道和提取音频选项进行设置。

【**速度/持续时间**】：用于设置素材的播放速度和持续时间。

【**捕捉设置**】：用于设置捕捉素材的相关属性。

【**插入**】：用于将素材插入【时间轴】面板中的【当前时间指示器】指示处。

【**覆盖**】：用于将素材放置到【时间轴】面板中的【当前时间指示器】指示处，并覆盖已有的素材。

【**替换素材**】：用于对【项目】面板中的素材进行替换。

【**替换为剪辑**】：用【源监视器】面板中的素材或【项目】面板中的素材替换【时间轴】面板中的素材片断。

【**渲染和替换**】：用于设置素材源和目标等。

【**恢复未渲染的内容**】：用于恢复没有被渲染的内容。

【**更新元数据**】：用于刷新元数据的同步和描述。

【**生成音频波形**】：用于通过另一种方式查看音频波形。

【**自动匹配序列**】：用于将【项目】面板中的素材快速地添加到序列中。

【**启用**】：用于激活或禁用【时间轴】面板中的素材。禁用的素材不会在【节目监视器】面板中显示，也不会被输出。

【**链接**】：用于链接或打断链接在一起的素材。

【**编组**】：用于将【时间轴】面板中的所选素材组合为一组，方便整体操作。

【**取消编组**】：用于取消素材的编组。

【**同步**】：用于根据素材的起点、终点或时间码在时间轴上排列素材。

【**合并剪辑**】：用于将在【时间轴】面板中所选择的一段音频素材和一段视频素材合并在一起，并添加到【项目】面板中成为剪辑素材。

【**嵌套**】：用于将所选择的素材添加到新的序列中，并将新序列作为素材，添加至原有素材的位置。

【**创建多机位源序列**】：用于创建多机位剪辑。

【**多机位**】：用于显示多机位编辑界面。

图 2-5

2.2.4 序列菜单

【序列】菜单主要用于在【时间轴】面板中预渲染素材、改变轨道数量，包含【序列设置】【渲染入点到出点的效果】【添加轨道】和【删除轨道】等命令，如图 2-6 所示。

※ 命令详解

【序列设置】：用于对序列参数进行设置。

【渲染入点到出点的效果】：用于渲染序列入点到出点编辑效果的预览文件。

【渲染入点到出点】：用于渲染完整序列编辑效果的预览文件。

【渲染选择项】：用于渲染序列中所选择部分的编辑效果的预览文件。

【渲染音频】：用于渲染序列音频预览文件。

【删除渲染文件】：用于删除渲染预览文件。

【删除入点到出点的渲染文件】：用于删除渲染序列入点到出点的预览文件。

【匹配帧】：用于将【源监视器】面板与【节目监视器】面板中所显示的画面与当前帧进行匹配。

【反转匹配帧】：用于找到【源监视器】面板中加载的帧并将其在【时间轴】面板中的进行匹配。

【添加编辑】：用于将选中的素材拆分开。

【添加编辑到所有轨道】：用于将【当前时间指示器】指示处的所有轨道上的素材进行拆分。

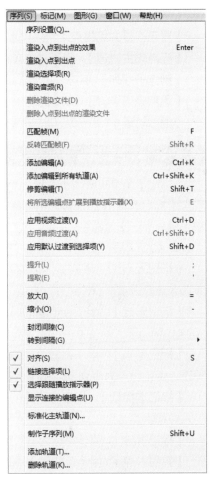

图 2-6

【修剪编辑】：用于对素材的剪辑入点和出点进行修整。

【将所选编辑点扩展到播放指示器】：用于将所选编辑点移动到【当前时间指示器】指示处。

【应用视频过渡】：用于在两段素材之间添加默认的视频过渡效果。

【应用音频过渡】：用于在两段素材之间添加默认的音频过渡效果。

【应用默认过渡到选择项】：用于将默认的过渡效果添加到所选择的素材上。

【提升】：用于移除序列指定轨道中，在【节目监视器】面板中从入点到出点之间的帧，并在【时间轴】面板中保留空白间隙。

【提取】：用于移除序列全部轨道中，在【节目监视器】面板中从入点到出点之间的帧，右侧素材向左补进。

【放大】：用于放大显示时间轴。

【缩小】：用于缩小显示时间轴。

【封闭间隙】：用于封闭图像中的间隙。

【转到间隔】：用于快速跳转到素材的边缘位置。

【对齐】：用于自动对齐到素材边缘。

【链接选择项】：用于自动将链接的素材同时操作。

【**选择跟随播放指示器**】：用于自动激活【当前时间指示器】指示处的素材。

【**显示连接的编辑点**】：用于显示素材衔接处的编辑点。

【**标准化主轨道**】：用于对主音频轨道进行标准化设置。

【**制作子序列**】：用于为所选择的素材创建新的序列。

【**添加轨道**】：用于在【时间轴】面板中添加音视频轨道。

【**删除轨道**】：用于从【时间轴】面板中删除音视频轨道。

2.2.5 标记菜单

【标记】菜单主要用于对标记点进行选择、添加和删除操作，包含【标记剪辑】【添加标记】【转到下一标记】【清除所选标记】和【编辑标记】等命令，如图 2-7 所示。

图 2-7

※ 命令详解

【**标记入点**】：用于在【当前时间指示器】指示处，为素材添加入点标记。

【**标记出点**】：用于在【当前时间指示器】指示处，为素材添加出点标记。

【**标记剪辑**】：用于设置【当前时间指示器】指示处素材的剪辑入点和出点为序列入点和出点。

【**标记选择项**】：用于将所选的剪辑的入点和出点作为序列的入点和出点。

【**标记拆分**】：用于将标记进行拆分。

【**转到入点**】：用于跳转到入点位置。

【**转到出点**】：用于跳转到出点位置。

【**转到拆分**】：用于跳转到拆分的标记位置。

【**清除入点**】：用于清除素材的入点标记。

【**清除出点**】：用于清除素材的出点标记。

【**清除入点和出点**】：用于清除素材的入点和出点标记。

【**添加标记**】：用于添加一个标记点。

【**转到下一标记**】：用于跳转到素材的下一个标记位置。

【**转到上一标记**】：用于跳转到素材的上一个标记位置。

【**清除所选标记**】：用于清除所选择的标记点。

【**清除所有标记**】：用于清除所有标记点。

【**编辑标记**】：用于对所选择的标记点进行名称注释和颜色等属性的设置。

【**添加章节标记**】：用于为素材添加章节标记点。

【**添加 Flash 提示标记**】：用于为素材添加 Flash 提示标记点。

【**波纹序列标记**】：用于开启波纹序列标记。

2.2.6 图形菜单

【图形】菜单主要用于对图形进行相关操作的设置，包含【新建图层】【选择下一个图形】和

【选择上一个图形】等命令，如图 2-8 所示。

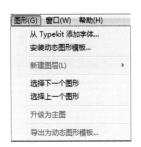

　※ 命令详解

　【从 Typekit 添加字体】：用于从订阅的 Typekit 字体库中添加字体。

　【安装动态图形模板】：用于将运动图形模板添加到基本图形目录中。

　【新建图层】：用于创建文本和图像等类型的图层。

　【选择下一个图形】：用于选择下一个图形素材。

　【选择上一个图形】：用于选择上一个图形素材。

图 2-8

　【升级为主图】：用于将序列中的图形素材升级为主图形。

　【导出为动态图形模板】：用于将当前图形剪辑 (包括所有动画) 转换成动态图形模板。

2.2.7　窗口菜单

　【窗口】菜单主要用于显示或关闭 Premiere Pro CC 软件中的各个功能面板，包含【信息】面板、【字幕】面板、【效果控件】面板、【节目监视器】面板和【项目】面板等，如图 2-9 所示。

　※ 命令详解

　【工作区】：用于选择适合的工作区布局。

　【查找有关 Exchange 的扩展功能】：用于打开 Adobe Exchange 面板，可以快速浏览、安装并查找最新增效工具和扩展的支持。

　【扩展】：用于打开 Premiere Pro CC 的扩展程序。

　【最大化框架】：用于将当前面板进行最大化显示。

　【音频剪辑效果编辑器】：用于开启或关闭【音频剪辑效果编辑器】面板。

　【音频轨道效果编辑器】：用于开启或关闭【音频轨道效果编辑器】面板。

　【Adobe Story】：用于启动 Adobe Story 程序。

　【Lumetri 范围】：用于开启或关闭【Lumetri 范围】面板，查看 Lumetri 范围。

　【Lumetri 颜色】：用于开启或关闭【Lumetri 颜色】面板，调节颜色。

　【事件】：用于开启或关闭【事件】面板，查看或管理序列中设置的事件动作。

图 2-9

　【信息】：用于开启或关闭【信息】面板，查看剪辑素材等信息。

　【元数据】：用于开启或关闭【元数据】面板，可以查看素材数据的详细信息，也可以添加注释等。查找有关 Exchange 的扩展功能

　【历史记录】：用于开启或关闭【历史记录】面板，查看操作记录，并可以返回之前某一步骤的编辑状态。

【**参考监视器**】：用于开启或关闭【参考监视器】面板，显示辅助监视器。

【**基本图形**】：用于开启或关闭【基本图形】面板，可制作标题和图形。

【**基本声音**】：用于开启或关闭【基本声音】面板，将声音标记为特定类型。

【**媒体浏览器**】：用于开启或关闭【媒体浏览器】面板，查看计算机中的素材资源，并可快速地将文件导入【项目】面板中。

【**字幕**】：用于开启或关闭【字幕】面板。

【**工作区**】：用于开启或关闭【工作区】面板，选择工作区布局。

【**工具**】：用于开启或关闭【工具】面板。

【**库**】：用于开启或关闭【库】面板，需要联网显示库内容。

【**捕捉**】：用于开启或关闭【捕捉】面板，设置捕捉参数。

【**效果**】：用于开启或关闭【效果】面板，可以将效果添加到素材上。

【**效果控件**】：用于开启或关闭【效果控件】面板，设置素材效果属性。

【**时间码**】：用于开启或关闭【时间码】面板，方便查看当前时间位置。

【**时间轴**】：用于开启或关闭【时间轴】面板，编辑序列中素材的操作区域。

【**标记**】：用于开启或关闭【标记】面板，查看标记信息。

【**源监视器**】：用于开启或关闭【源监视器】面板，查看或剪辑素材。

【**编辑到磁带**】：用于开启或关闭【编辑到磁带】面板，设置写入磁带的信息。

【**节目监视器**】：用于开启或关闭【节目监视器】面板，显示编辑效果。

【**进度**】：用于开启或关闭【进度】面板，显示项目进度。

【**音轨混合器**】：用于开启或关闭【音轨混合器】面板，设置音轨信息。

【**音频仪表**】：用于开启或关闭【音频仪表】面板，显示音波。

【**音频剪辑混合器**】：用于开启或关闭【音频剪辑混合器】面板，设置音频信息。

【**项目**】：用于开启或关闭【项目】面板，存放操作素材。

2.2.8 帮助菜单

【帮助】菜单主要提供了程序应用的【Adobe Premiere Pro 帮助】【Adobe Premiere Pro 教程】【键盘】和【更新】等命令，如图 2-10 所示。

※ **命令详解**

【**Adobe Premiere Pro 帮助**】：可以显示 Adobe Premiere Pro 软件帮助窗口，用户可以通过它快速了解该软件的功能和应用，通过向导学习如何使用软件，还可以搜索感兴趣的部分来学习。

图 2-10

【**Adobe Premiere Pro 教程**】：可以链接 Adobe 公司官方网站获取技术教程。

【**欢迎屏幕**】：可以显示欢迎屏幕。

【**重设导览**】：可以重新设置导览内容。

【**键盘**】：可以通过 Adobe 公司官方网站获取快捷键设置支持。

【**更新**】：可以对 Premiere Pro CC 软件进行在线检查和更新。

【**关于 Adobe Premiere Pro**】：可以提供 Adobe Premiere Pro 软件的信息、专利和法律

声明信息。

| 2.3　功能面板

Premiere Pro CC 软件具有采集素材、编辑素材、显示素材、创建字幕和设置特效等功能。用户可以把这些功能根据其自身特性进行分类组织，放入不同的面板中。一般打开软件后，就会看到【效果】面板、【工具】面板、【节目监视器】面板和【时间轴】面板等，如图 2-11 所示。

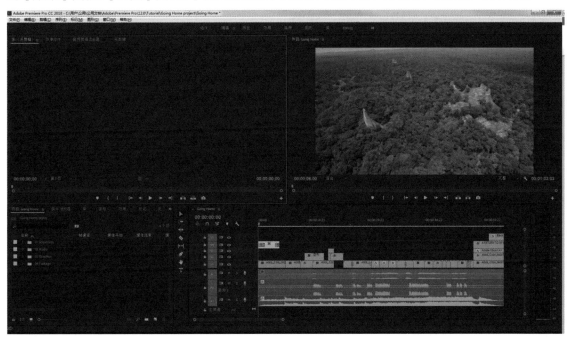

图 2-11

除了上述这些显示的面板，还有更多的功能面板可以通过【窗口】菜单打开，如图 2-12 所示。

图 2-12

2.3.1 Adobe Story 面板

【Adobe Story】面板主要用于导入在 Adobe Story 中创建的脚本及关联的元数据，以便进行编辑，如图 2-13 所示。

2.3.2 Lumetri 范围面板

【Lumetri 范围】面板主要用于显示视频颜色范围，如图 2-14 所示。

图 2-13   图 2-14

2.3.3 Lumetri 颜色面板

【Lumetri 颜色】面板包括高动态范围 (HDR) 模式，可对素材颜色、对比度和光照等进行高质量的调整，如图 2-15 所示。

2.3.4 事件面板

【事件】面板主要用来识别和排除问题的警告、错误消息，以及其他信息，如图 2-16 所示。

图 2-15   图 2-16

2.3.5 信息面板

【信息】面板主要用于查看所选素材的详细信息，如图 2-17 所示。

2.3.6 元数据面板

【元数据】面板主要用于显示所选素材的元数据，如图 2-18 所示。

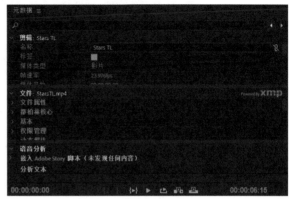

图 2-17   图 2-18

2.3.7 历史记录面板

【历史记录】面板主要用于记录操作信息，可以删除一项或多项历史操作，如图 2-19 所示。

2.3.8 参考监视器面板

【参考监视器】面板相当于一个辅助监视器，多与【节目监视器】面板比较查看序列的图像信息，如图 2-20 所示。

图 2-19   图 2-20

2.3.9 基本图形面板

【基本图形】面板主要提供功能强大的标题制作和动态图形工作流程，可以创建标题、品牌标识、其他图形，以及动态图形模板，如图 2-21 所示。

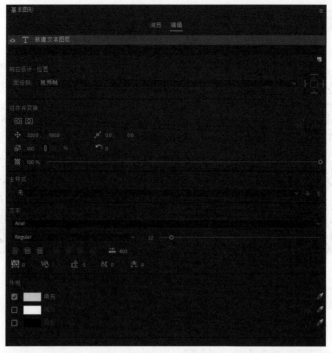

图 2-21

2.3.10　基本声音面板

【基本声音】面板主要用于提供混合技术和修复选项的一整套工具集，如图 2-22 所示。

2.3.11　媒体浏览器面板

【媒体浏览器】面板主要用于快速浏览计算机中的其他素材文件，方便对文件进行预览及快速将文件导入到项目中，如图 2-23 所示。

图 2-22

图 2-23

2.3.12　字幕面板

【字幕】面板包括【字幕动作】【字幕属性】【字幕工具】【字幕样式】和【字幕设计器】5个面板，主要是用于编辑文字和图形，如图 2-24 所示。

图 2-24

2.3.13 工作区面板

【工作区】面板主要用于显示工作区布局模式，如图 2-25 所示。

图 2-25

2.3.14 工具面板

【工具】面板主要用于在【时间轴】面板中编辑素材，如图 2-26 所示。

图 2-26

2.3.15 库面板

【库】面板主要用于在 Creative Cloud Libraries 应用程序中寻找共享资源，如图 2-27 所示。

图 2-27

2.3.16 捕捉面板

【捕捉】面板主要用于采集所摄录的音视频素材，如图 2-28 所示。

图 2-28

2.3.17 效果面板

【效果】面板提供了多个音视频特效和过渡特效，根据不同类型分别归纳在不同的文件夹中，方便选择操作使用，如图 2-29 所示。

2.3.18 效果控件面板

【效果控件】面板用于显示素材固有的效果属性，并可以设置属性参数，从而产生动画效果，如图 2-30 所示，也可添加【效果】面板中的效果特效。

图 2-29

图 2-30

2.3.19 时间码面板

【时间码】面板用于显示时间码，如图 2-31 所示。

图 2-31

2.3.20 时间轴面板

【时间轴】面板又称【时间线】面板，主要用于排放、剪辑或编辑音视频素材，是视频编辑的主要操作区域，如图 2-32 所示。

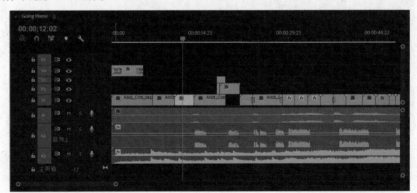

图 2-32

2.3.21 标记面板

【标记】面板主要用于查看素材的标记信息，如图 2-33 所示。

图 2-33

2.3.22 ▶ 源监视器面板

【源监视器】面板主要用于预览素材,设置素材的入点和出点,以方便剪辑,如图 2-34 所示。

2.3.23 ▶ 编辑到磁带面板

【编辑到磁带】面板可以在磁带中反复编辑,如图 2-35 所示。

图 2-34

图 2-35

2.3.24 ▶ 节目监视器面板

【节目监视器】面板主要用于显示【时间轴】面板中的编辑效果,如图 2-36 所示。

2.3.25 ▶ 进度面板

【进度】面板主要用于显示项目进度。

2.3.26 ▶ 音轨混合器面板

【音轨混合器】面板主要用于对素材的音频轨道进行听取和调整,如图 2-37 所示。

图 2-36

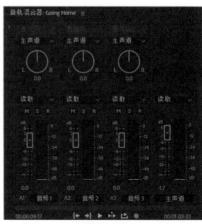

图 2-37

2.3.27 音频仪表面板

【音频仪表】面板主要用于显示播放素材的音量，如图 2-38 所示。

图 2-38

2.3.28 音频剪辑混合器面板

【音频剪辑混合器】面板主要用于检查编辑各音轨的混音效果，如图 2-39 所示。

2.3.29 项目面板

【项目】面板主要用于创建、存放和管理音视频素材，可以对素材进行分类显示、管理预览，如图 2-40 所示。

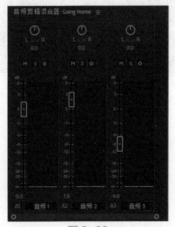

图 2-39

图 2-40

第3章

工作区和项目设置

本章主要对 Premiere Pro CC 的工作区、操作面板、键盘快捷键、首选项、项目创建和管理等进行初步介绍。用户可以根据自身习惯和需求自定义工作区布局，设置键盘快捷键，以提高制作效率。

3.1 工作区

Premiere Pro CC 软件中有多个专属功能面板，将多个面板组合叠加在一起即形成面板组；将面板组和独立面板拼接在一起，即构成工作区的布局，如图 3-1 所示。

图 3-1

3.1.1 导入工作区

在编辑项目时所选择的工作区和自定义设置将保存在项目文件中。一般情况下，Premiere Pro CC 是在当前工作区中打开项目。但是，用户可以更改为使用项目中的工作区打开项目。只需在打开项目之前，执行菜单【窗口】>【工作区】命令，选择【导入项目中的工作区】命令，如图 3-2 所示。

3.1.2 选择工作区

Premiere Pro CC 软件默认包含 10 种偏向不同任务的工作区，分别有【编辑】工作区、【所有面板】工作区、【元数据记录】工作区、【Editing】工作区、【效果】工作区、【图形】工作区、【库】工作区、【组件】工作区、【音频】工作区和【色彩】工作区，如图 3-3 所示。选择特定任务的工作区后，则当前工作区会进行相应的调整。

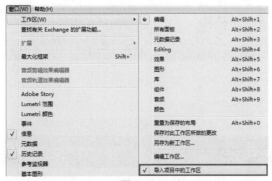

图 3-2

图 3-3

3.1.3 新建工作区

用户可以根据自身需求和喜好自定义工作区布局，创建新的工作区。只需调整好布局，执行菜单【窗口】>【工作区】>【另存为新工作区】命令即可。

3.1.4 修改工作区

用户可以修改当前工作区的布局，并将修改后的工作区布局进行存储。只需执行菜单【窗口】>【工作区】>【保存对此工作区所做的更改】命令即可。

3.1.5 重置当前工作区

重置当前的工作区，就可以使其恢复已保存的原面板布局效果。

3.1.6 编辑工作区

编辑工作区时可修改工作区的顺序或删除工作区。执行菜单【窗口】>【工作区】>【编辑工作区】命令后，会弹出【编辑工作区】对话框。在【编辑工作区】对话框中，可以调整工作区的顺序、隐藏工作区或删除工作区，如图 3-4 所示。

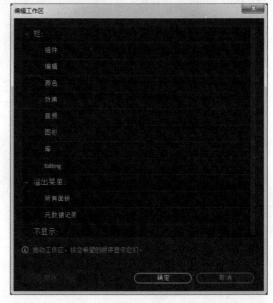

图 3-4

| 3.2　设置面板

设置工作区内的面板可以更为有效地合理布局工作区域。

3.2.1　移动面板

用户可以移动面板，将面板停靠在一起组成面板组；也可以将单个面板从面板组中移出；还可以将单个面板浮动在程序窗口之上。要移动面板只需要拖曳面板上的名称即可，如图 3-5 所示。

3.2.2　调整面板

图 3-5

将鼠标指针置于面板组之间的隔条上时，会显示调整面板大小的图标。拖曳图标时，与该隔条相邻的所有面板组的大小都会随之调整。

要调整水平方向或垂直方向的尺寸，请将鼠标指针置于两个面板组之间。当鼠标指针变成双箭头形状 ↔ 时，即可调整。

要一次调整两个方向上的尺寸，请将鼠标指针置于三个或多个面板组之间的交叉处。当鼠标指针变成四箭头形状 ✛ 时，即可调整。

3.2.3　打开并查看面板

要想打开一个新的面板就需要在【窗口】菜单中选择该面板。

要想在一个窄面板组中查看未显示的面板，只需单击选项卡右侧的图标 »，在菜单中选择面板，如图 3-6 所示。或者将鼠标指针置于选项卡区域上方，并滚动鼠标滚轮。

单击面板组中的选项卡，可将选项卡面板置于面板组的最上方，并呈现激活状态，如图 3-7 所示。

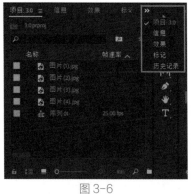

图 3-6

图 3-7

3.2.4　关闭面板

当关闭某个面板组时，其他面板组会调整其大小以利用新增的空间。当关闭浮动窗口时，其中的面板也会随之关闭。

| 3.3 键盘快捷键

用户可以根据自身需求和喜好编辑键盘快捷键，以减少鼠标操作，提高制作效率。要对键盘快捷键进行编辑，需要执行菜单【编辑】>【快捷键】命令，在【键盘快捷键】对话框中进行设置，如图 3-8 所示。

图 3-8

※ 参数详解

【**键盘布局预设**】：在下拉列表中选择预设键盘快捷键的布局模式。

【**另存为**】：将修改后的键盘快捷键另存为自定义模式，存放在【键盘布局预设】列表中。

【**查找**】：查找工具、按钮和菜单命令的键盘快捷键。

【**应用程序**】：显示位于菜单栏中的命令，这些命令根据类别进行分类。

【**面板**】：显示与面板和菜单有关的命令。

【**还原**】：清除该命令的快捷键设置，将其返回原始设置。

【**清除**】：仅删除所输入的快捷键设置。

3.3.1 ▶ 颜色编码

通过紫色和绿色阴影标注应用程序和面板命令的快捷键分布，如图 3-9 所示。其中，紫色阴影的键为应用程序的快捷键；绿色阴影的键为面板命令的快捷键；同时带有紫色和绿色阴影的键，则表示同时为应用程序和面板命令的快捷键。

图 3-9

3.3.2 查找快捷键

在 Premiere Pro CC 软件中，查找命令的键盘快捷键方法有 4 种。

★ 对于工具或按钮，将鼠标指针悬停在工具或按钮上方，工具提示中就会显示出该命令的键盘快捷键，如图 3-10 所示。如果该命令有可用的键盘快捷键，则工具提示中就会出现。

图 3-10

★ 对于菜单命令，可在命令的右侧查找键盘快捷键，如图 3-11 所示。

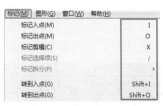

图 3-11

★ 对于未显示在工具提示中或菜单上的键盘快捷键，可以在【键盘快捷键】对话框中查找，如图 3-12 所示。

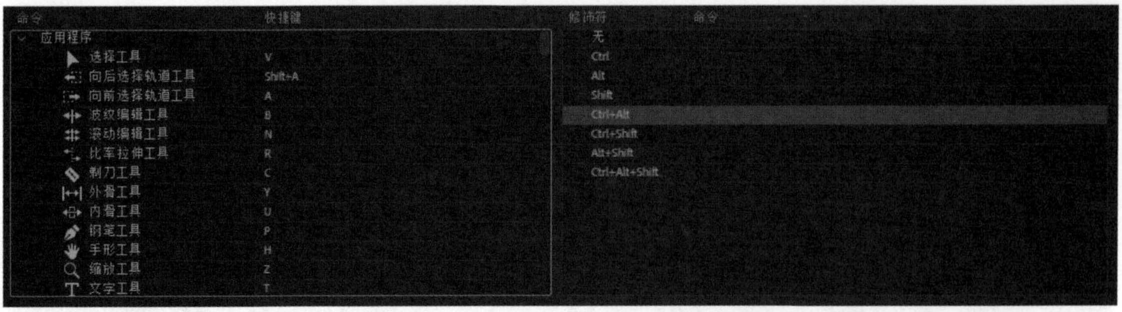

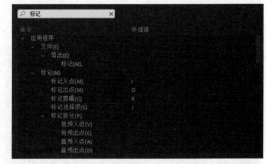

图 3-12

★ 在【键盘快捷键】对话框的搜索栏中，快速查找键盘快捷键，如图 3-13 所示。

3.3.3 设置快捷键

可以为单个命令设置一个或多个键盘快捷键。在【键盘快捷键】对话框中，当命令的快捷键文本为激活状态时，用户按下想要设置的快捷键的键盘按键，即可为命令设置键盘快捷键。

图 3-13

> **提 示**
>
> 操作系统会保留一些快捷键命令，用户无法将部分命令重新分配给 Premiere Pro CC 软件。

> **提 示**
>
> 不能分配数字小键盘上的 + 键和 - 键（加号键和减号键），因为它们是时间码输入相对值时所需要的按键。但是可以分配主键盘上的 - 键（减号键）。

实践操作 设置快捷键

素材文件： 无
案例文件： 案例文件 / 第 03 章 / 设置快捷键 .prproj
教学视频： 教学视频 / 第 03 章 / 设置快捷键 .mp4
技术要点： 掌握设置快捷键的方法。

STEP 1 执行菜单【编辑】>【快捷键】命令，在弹出的【键盘快捷键】对话框中，执行【应用程序】>【文件】>【新建】>【打开团队项目】命令，并单击右侧的【快捷键】栏，如图 3-14 所示。

图 3-14

STEP 2 激活【打开团队项目】命令的快捷键文本，按 Alt+O 键，如图 3-15 所示。

STEP 3 设置了新的键盘快捷键后，单击【确定】按钮。然后在【文件】菜单中查看【打开团队项目】
命令的新的键盘快捷键，如图 3-16 所示。

图 3-15

图 3-16

3.3.4　还原快捷键

当修改了快捷键后，立即单击【还原】按钮，即可清除刚刚的设置。如果修改的快捷键已被使
用，则【键盘快捷键】对话框中将会显示一条警告，如图 3-17 所示。此时可单击【还原】按钮，
撤销刚刚的操作。

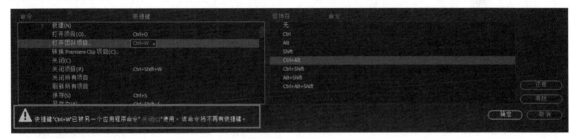

图 3-17

3.3.5　清除快捷键

选择某个带有快捷键的命令，单击【清除】按钮，即可清除该命令的键盘快捷键。

3.3.6　复制快捷键

如需将自定义的键盘快捷键从一台计算机复
制到另一台计算机上，就将 Premiere Pro CC
软件安装位置中的 KYS 文件复制出来，粘贴到
另一台计算机中相对应的位置即可，如图 3-18
所示。

图 3-18

3.3.7　编辑键盘预设

当修改了原始预设的键盘快捷键以后，【键
盘布局预设】选项中就会多一个【自定义】选项，
如图 3-19 所示。用户可以存储或删除当前自定
义的键盘布局。

图 3-19

3.4 首选项

　　【首选项】是 Premiere Pro CC 软件所加载的许多默认参数设置。【首选项】的许多命令在被修改后，只有重新打开新项目时才会加载这些更改的设置。

　　执行菜单【编辑】>【首选项】命令，即可打开【首选项】对话框。在【首选项】对话框中有 18 个选项卡，分别是【常规】【外观】【音频】【音频硬件】【自动保存】【捕捉】【协作】【操纵面板】【设备控制】【图形】【标签】【媒体】【媒体缓存】【内存】【回放】【同步设置】【时间轴】和【修剪】，如图 3-20 所示。

3.4.1 常规

　　在【首选项】对话框的【常规】选项卡中，可以设置显示内容和工具提示等，如图 3-21 所示。

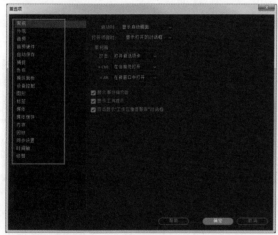

图 3-20

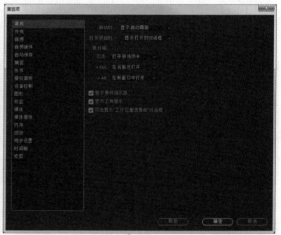

图 3-21

※ 参数详解

【启动时】：可选择是显示 Premiere Pro CC 的启动画面，还是打开最近使用的项目。

【打开项目时】：可选择是显示启动画面，还是显示打开的对话框。

【素材箱】：控制素材箱的操作行为。

【显示事件指示器】：取消勾选该复选框，可关闭显示事件通知窗口。

【显示工具提示】：用于打开或关闭工具提示。

3.4.2 外观

　　在【首选项】对话框的【外观】选项卡中，可以设置界面的总体亮度，还可以设置交互控件、焦点指示器的亮度和饱和度，如图 3-22 所示。

3.4.3 音频

　　在【首选项】对话框的【音频】选项卡中，可以设置音频的【自动匹配时间】和【默认音频轨道】等选项，如图 3-23 所示。

图 3-22

图 3-23

※ 参数详解

【自动匹配时间】：用于控制音频更改之后返回到音频更改之前所需要的时间间隔。需要与【调音台】面板中的【触动】选项联合使用。

【5.1 混音类型】：指定在 Premiere Pro CC 中将源声道与 5.1 音轨混合的方式。

【搜索时播放音频】：勾选该复选框，启用音频搜索。

【往复期间保持音调】：在进行滑动和播放期间，保持音频的音调。勾选该复选框，有助于提升以高速或低速播放时声音的清晰度。

【时间轴录制期间静音输入】：勾选该复选框，防止在录制时间轴期间监视音频输入。

【自动生成音频波形】：勾选该复选框，在导入音频时自动生成具有波形显示的峰值文件。

【默认音频轨道】：将素材添加到序列之后，用于显示素材音频声道的轨道类型，包括单声道媒体、立体声媒体、5.1 媒体和多路单声道媒体。

【单声道媒体】：只能容纳单声道。

【立体声媒体】：可以容纳单声道和立体声素材。

【5.1 媒体】：只能容纳 5.1 素材。

【多路单声道媒体】：可以容纳单声道、立体声和自适应多路单声道素材。

【自动关键帧优化】：设置线性关键帧细化和最短时间间隔细化。

【线性关键帧细化】：仅在与开始和结束关键帧没有线性关系的点时，创建关键帧。

【减少最小时间间隔】：仅在大于指定值的间隔处创建关键帧。勾选该复选框，则可输入【最小时间】，可以输入 1 ~ 2000 毫秒的值。

【大幅音量调整】：可设置增加的分贝数。

【音频增效工具管理器】：可使用第三方 VST3 增效工具，以及 Mac 平台的 Audio Units(AU) 增效工具。

3.4.4　音频硬件

在【首选项】对话框的【音频硬件】选项卡中，可以设置计算机的音频设备，包括 ASIO 和 MME，如图 3-24 所示。

3.4.5 自动保存

在【首选项】对话框的【自动保存】选项卡中，可以设置自动保存项目的时间和数量，如图 3-25 所示。

※ 参数详解

【自动保存项目】：控制系统是否自动保存处于编辑状态的项目。

【自动保存时间间隔】：两次保存之间间隔的时间分钟数。

【最大项目版本】：设置将要保存的最近项目的个数。

【将备份项目保存到 Creative Cloud】：自动将项目直接保存到基于 Creative Cloud 的存储位置。

图 3-24

图 3-25

3.4.6 捕捉

在【首选项】对话框的【捕捉】选项卡中，可以在捕捉素材时进行设置，如图 3-26 所示。

3.4.7 协作

在【首选项】对话框的【协作】选项卡中，可以指定团队项目协作的参数设置，如图 3-27 所示。

图 3-26

图 3-27

3.4.8　操纵面板

在【首选项】对话框的【操纵面板】选项卡中，可配置硬件控制设备，如图 3-28 所示。

3.4.9　设备控制

在【首选项】对话框的【设备控制】选项卡中，可进行用来控制播放 / 录制设备的设置，如图 3-29 所示。

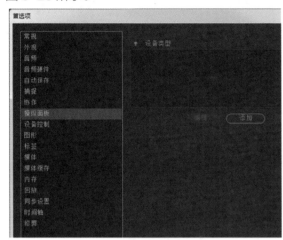
图 3-28

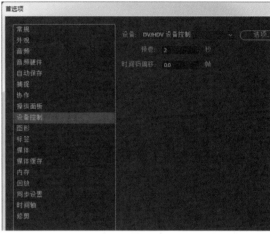
图 3-29

3.4.10　图形

在【首选项】对话框的【图形】选项卡中，可以设置文本引擎和语言编辑，如图 3-30 所示。

3.4.11　标签

在【首选项】对话框的【标签】选项卡中，可以设置默认标签的颜色和颜色名称，如图 3-31 所示。

图 3-30

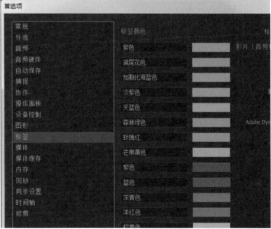
图 3-31

3.4.12 媒体

在【首选项】对话框的【媒体】选项卡中，可以设置素材高速缓存的数据和文件，如图 3-32 所示。

※ 参数详解

【不确定的媒体时基】：为导入的静止图像指定序列帧速率。

【时间码】：设置所导入的素材是显示原始时间码，还是重新分配从 00:00:00 开始的新时间码。

【帧数】：为所导入素材的起始帧分配编号。

图 3-32

【导入时将 XMP ID 写入文件】：勾选该复选框，在导入文件时，会将 ID 信息写入 XMP 元数据字段。

【启用剪辑与 XMP 元数据链接】：勾选该复选框，会将素材元数据链接到 XMP 元数据，这样其中一项发生更改时另一项也会随之更改。

【导入时包含字幕】：勾选该复选框，可检测并自动导入嵌入式隐藏字幕文件中的嵌入式隐藏字幕数据；取消勾选该复选框，可不导入嵌入字幕，有助于在导入时节省时间。

【生成文件】：Premiere Pro CC 支持 OP1A MXF 文件的生成文件。可以选择是否自动刷新生成文件。如果刷新，则设置刷新生成文件时间间隔。勾选该复选框，可以直接在项目中使用生成文件进行编辑。

3.4.13 媒体缓存

在【首选项】对话框的【媒体缓存】选项卡中，可以定期清理旧的或未使用的媒体缓存文件，如图 3-33 所示。

※ 参数详解

【不要自动删除缓存文件】：默认启用此设置。媒体缓存文件的自动删除仅适用于子目录文件夹峰值文件和媒体缓存文件内的 ".pek" ".cfa" 和 ".ims" 文件。

【自动删除早于此时间的缓存文件】：默认值为 90 天，也可更改时长。

【当缓存超过此大小时自动删除最早的缓存文件】：默认值为媒体缓存所在卷大小的 10%。

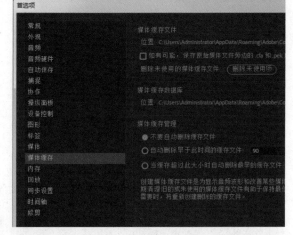

图 3-33

3.4.14 内存

在【首选项】对话框的【内存】选项卡中，可以设置用于保留其他应用程序和 Adobe 公司软件的内存量值，如图 3-34 所示。

3.4.15 回放

在【首选项】对话框的【回放】选项卡中，可以选择音频或视频的默认播放器，并设置预卷和过卷时长，如图 3-35 所示。

※ 参数详解

【预卷】：在播放素材时，编辑点之前存在的秒数。

【过卷】：在播放素材时，编辑点之后存在的秒数。

【前进 / 后退多帧】：设置在使用键盘快捷键 Shift+ 向左或向右箭头时要移动的帧数。默认设置为 10 帧。

【回放期间暂停 Media Encoder 队列】：在 Premiere Pro CC 中播放序列或项目时，暂停 Adobe Media Encoder 中的编码队列。

【音频设备】：选择音频设备。

【视频设备】：选择视频设备，单击【设置】按钮，在弹出的对话框中对视频设备进行设置。

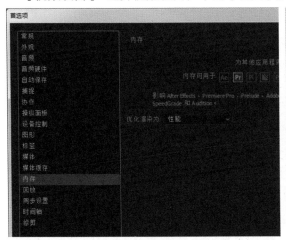

图 3-34

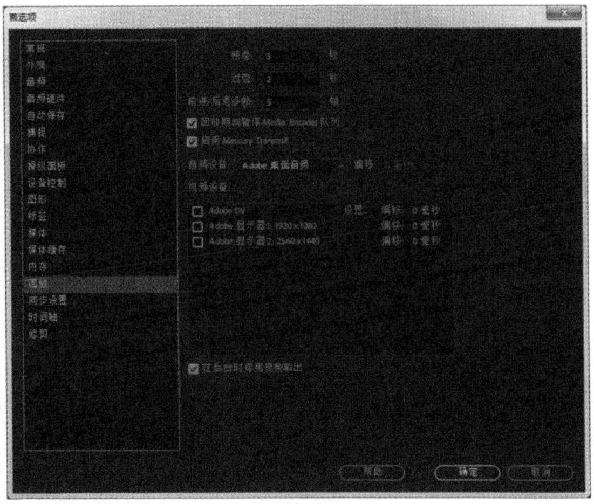

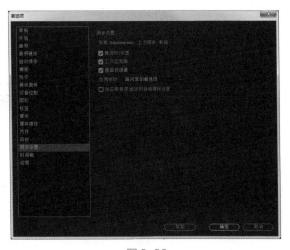

图 3-35

3.4.16 同步设置

在【首选项】对话框的【同步设置】选项卡中，可将常规首选项、键盘快捷键、预设和库同步到 Creative Cloud，如图 3-36 所示。

3.4.17 时间轴

在【首选项】对话框的【时间轴】选项卡中，可以设置时间轴中的音频、视频和静止图像的默认持续时间，如图 3-37 所示。

※ 参数详解

【视频过渡默认持续时间】：指定视频过渡效果的默认持续时间长度。

图 3-36

【音频过渡默认持续时间】：指定音频过渡效果的默认持续时间长度。

【**静止图像默认持续时间**】：指定显示静止图像的默认持续时间。

【**时间轴播放自动滚屏**】：当序列显示超过时间轴的显示范围时，可以选择时间线自动滚动屏幕显示的方式。

【**时间轴鼠标滚动**】：可以选择垂直或水平滚动。

【**执行插入 / 覆盖编辑时，将重点放在时间轴上**】：勾选该复选框，编辑后显示时间轴画面。

【**启用对齐时在时间轴内对齐播放指示器**】：勾选该复选框，可打开对齐功能。

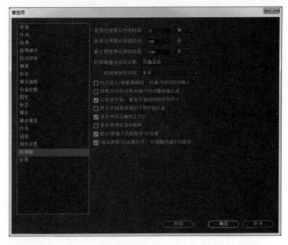

图 3-37

【**显示未链接剪辑的不同步指示器**】：当音频和视频断开链接并变为不同步状态时，显示不同步指示器。

【**渲染预览后播放工作区**】：勾选该复选框，在序列渲染预览后，自动播放工作区内的内容。

【**渲染视频时渲染音频**】：勾选该复选框，在渲染视频预览时自动渲染音频预览。

【**显示"剪辑不匹配警告"对话框**】：勾选该复选框，检测素材属性是否与序列设置相匹配。如果属性不匹配，则会显示【剪辑不匹配警告】对话框。

【**"适合剪辑"对话框打开，以编辑范围不匹配项**】：当【源监视器】和【节目监视器】面板中的入点和出点设置不同时，会显示【适合剪辑】对话框，通过该对话框，可选择要使用的入点和出点。

3.4.18 修剪

在【首选项】对话框的【修剪】选项卡中，可以设置最大修剪偏移值，如图 3-38 所示。

图 3-38

3.5 项目设置

项目设置是对项目的创建、存储、打开、移动和删除等操作的设置。

3.5.1 新建项目

要想创建一个新的项目，可以打开 Premiere Pro CC 软件，在【开始】界面上单击【新建项目】按钮，如图 3-39 所示。

也可以从菜单中创建一个新的项目，执行菜单【文件】>【新建】>【项目】命令，如图 3-40 所示。

图 3-39

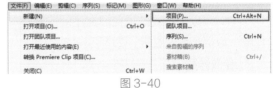

图 3-40

3.5.2　新建项目对话框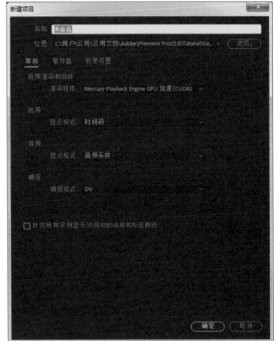

当执行完【新建项目】命令以后，就会弹出【新建项目】对话框。【新建项目】对话框中有
【常规】【暂存盘】和【收录设置】3 个选项卡，可以设置项目的名称、常规参数和暂存盘位置等
信息，如图 3-41 所示。

1. 常规选项卡

在【常规】选项卡中，可以设置项目名称、
位置和音视频显示格式等。

※ 参数详解

【名称】：项目文件的名称。

【位置】：项目文件的存储位置。

【视频渲染和回放】：指定是否启用 Mercury
Playback Engine 的软件或硬件功能。如果
安装了合格的 CUDA 卡，将启用 Mercury
Playback Engine 的硬件渲染和回放选项。

【显示格式】(视频)：可以改变其时间码显示
方式。

【显示格式】(音频)：指定音频时间是以音频
采样来显示还是以毫秒来显示。

【捕捉格式】(捕捉)：设置有关的采集格式。

图 3-41

> **提　示**
>
> 　　更改【显示格式】(视频) 选项并不会改变剪辑或序列的帧速率，只会改变其时间码的显示
> 方式。时间显示选项与编辑视频和电影胶片的标准相对应。对于"帧"和"英尺＋帧"时间码，
> 用户可以更改起始帧编号，以便匹配所使用的另一个编辑系统的计时方法。

※ 知识补充

采集 DV 格式的视频时,在 Mac OS 系统中,Premiere Pro CS6 使用 QuickTime 格式作为 DV 编解码器的容器;在 Windows 系统中则使用 AVI 格式。

采集 HDV 格式的视频时,Premiere Pro CC 将使用 MPEG 格式。

对于其他格式的视频,必须使用视频采集卡进行数字化或采集。

2. 暂存盘选项卡

在编辑项目时,Premiere Pro CC 会使用磁盘空间来存储项目所需的文件。所有暂存盘首选项将随每个项目一起保存。在【暂存盘】选项卡中,可以为不同的项目设置不同的暂存盘位置,以提高系统性能,如图 3-42 所示。

※ 参数详解

【捕捉的视频】:指定采集所创建的视频文件的磁盘空间位置。

【捕捉的音频】:指定采集所创建的音频文件,或在录制画外音时通过调音台录制的音频文件。

【视频预览】:执行菜单【序列】>【渲染工作区域内的效果】命令,导出到影片文件或导出到设备时,创建视频预览文件的磁盘空间位置。如果预览区域包括效果,将以预览文件的完整质量渲染效果。

【音频预览】:执行菜单【序列】>【渲染工作区域内的效果】命令,导出到影片文件或导出到设备时,创建音频预览文件的磁盘空间位置。如果预览区域包括效果,将以预览文件的完整质量渲染效果。

【项目自动保存】:指定项目自动保存时的磁盘空间位置。

【CC 库下载】:指定从 Adobe CC 库下载文件的磁盘空间位置。

【动态图形模板媒体】:指定存放动态图形模板的磁盘空间位置。

3. 收录设置选项卡

在【收录设置】选项卡中,可以将项目文件夹同步到云,如图 3-43 所示。

图 3-42

图 3-43

3.5.3 打开项目

在 Premiere Pro CC 软件中,可以打开多个项目。Premiere Pro CC 可以打开使用早期版本创建的项目文件。要将一个项目的内容传递到另一个项目,则需使用【导入】命令。

在打开项目后,如果有缺失的文件,则会弹出【链接媒体】对话框,如图 3-44 所示。

图 3-44

※ 参数详解

【全部脱机】:除了已找到的文件,将其他所有缺失文件替换为脱机文件。

【脱机】:将缺失文件替换为脱机文件。

【取消】:关闭对话框,并将缺失文件替换为临时脱机文件。

【查找】:可以在【查找文件】对话框中寻找。

3.5.4 删除项目

若要删除 Premiere Pro CC 软件创建的项目,就需要在 Windows 资源管理器中找到 Premiere Pro CC 项目文件并将其选中,然后按 Delete 键将其删除。Premiere Pro CC 项目文件的扩展名为“.prproj”,如图 3-45 所示。

图 3-45

3.5.5 移动项目

要将项目移至另一台计算机中以继续进行编辑,必须将项目的所有资源的副本及项目文件移至另一台计算机中。资源应保留其文件名和文件夹位置,以便 Premiere Pro CC 能自动找到它们并将其重新链接到项目中的相应素材上。同时,确保用户在第一台计算机上对项目使用的编解码器与在第二台计算机上安装的编解码器相同。

3.6 项目管理

项目管理就是将项目文件进行整合和归档，以便移动到其他位置，或者与其他团队合作交流。项目管理可以有效管理项目和素材，尤其是具有许多素材以及不同素材格式的大型项目。在管理项目时，可以轻松地收集存储在各个位置的项目源媒体文件，并将其复制到一个位置以便移动或共享。

通过【文件】菜单下的【项目管理】命令，可以对项目进行有效的管理。在打开的【项目管理器】对话框中可以很方便地进行项目的整合和归档，如图 3-46 所示。

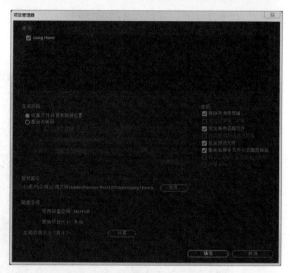

图 3-46

※ 参数详解

【收集文件并复制到新位置】：用于将所选序列的素材收集并复制到指定的存储空间位置。

【整合并转码】：整合在所选序列中使用的素材并转码到单个编解码器以供存档。

【排除未使用剪辑】：勾选该复选框，项目管理过程中将不复制未在原始项目中使用的素材。

【包含过渡帧】：勾选该复选框，设置每个转码剪辑的入点之前和出点之后要保留的额外帧数。可以设置 0 ~ 999 帧的值。

【包含音频匹配文件】：勾选该复选框，确保在原始项目中匹配的音频仍在新项目中保持匹配。如取消勾选该复选框，则新项目将占用较少的磁盘空间，但 Premiere Pro CC 会在打开项目时重新匹配音频。只有在选中【收集文件并复制到新位置】单选按钮时，此选项才可用。

【包含预览文件】：勾选该复选框，指定在原始项目中渲染的效果仍在新项目中保持渲染。如取消勾选该复选框，则新项目将占用较少的磁盘空间，但不会有渲染效果。只有在选中【收集文件并复制到新位置】单选按钮时，此选项才可用。

【重命名媒体文件以匹配剪辑名】：勾选该复选框，使用所采集素材的名称来重命名复制的素材文件。如果在【项目】面板中重命名了采集的素材并希望复制的素材文件具有相同名称，则勾选该复选框。

【将 After Effects 合成转换为剪辑】：勾选该复选框，将项目中的任意 After Effects 合成转换为拼合视频素材。如果项目包含动态链接的 After Effect 合成，就勾选该复选框将合成拼合为一个视频素材。选择该选项的好处是，可以在未安装 After Effects 软件的系统上播放已转换的视频素材。

【保留 Alpha】：勾选该复选框，可以保留 Alpha 通道。

> **提 示**
>
> 项目管理过程中不收集和复制动态链接到 Premiere Pro CC 项目的 After Effects 合成。但是，它会将"动态链接"素材文件作为脱机文件保存在修剪项目中。

第 4 章

素材管理

本章主要对项目素材管理方法进行讲解，包括捕捉素材、创建特殊素材、创建剪辑、管理常规素材的技巧等。有效地管理素材可以提高工作效率，达到事半功倍的效果。

影视编辑的主要对象是素材，对素材进行有效的管理尤为重要。将素材放置到 Premiere Pro CC 软件中的方法有两种：一种是将外部设备中的内容捕捉到软件中，另一种是将已有的素材文件导入软件中。掌握合理的素材捕捉、导入、创建，以及在【项目】面板中管理素材的方法，可以更为有效地优化制作步骤，提高制作效率。

| 4.1　捕捉素材

捕捉素材就是从摄像机或磁带中捕捉数字素材的过程。捕捉的素材包括视频素材和音频素材两种，一般设备中的视频素材会自带音频内容，而外部音频素材可以通过计算机内的软件录入获取。要想捕捉视频素材，就需要使计算机具有兼容的 IEEE 1394(FireWire、i.Link) 端口或采集卡。

使用 Premiere Pro CC 软件进行捕捉，需要先将摄像机、数码相机或手机等外部设备连接到计算机上，然后打开软件中的【捕捉】面板，设置参数进行捕捉，如图 4-1 所示。

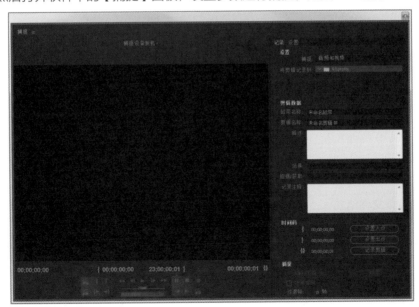

图 4-1

4.2　导入素材

导入与捕捉不同，导入命令是将硬盘或连接的其他存储设备中的已有文件引入项目。导入是我们最为常用的获取素材的方式。Premiere Pro CC 支持导入多种类型的视频、静帧图像和音频。Premiere Pro CC 可以导入带有图层通道的项目文件，如 After Effects 或 Photoshop 的项目文件，也可以导入序列图片。

※ 知识补充

对于 Premiere Pro CC 软件支持编码的类型文件，软件会为其建立索引；对于部分不包含的编码类型文件，软件会先导入文件然后再进行转码。只有在这些过程完成之后，用户才能完全编辑这些类型。在完全建立索引或转码之前，素材的文件名会一直以斜体形式显示在【项目】面板中。

4.2.1　支持的文件格式

Premiere Pro CC 支持导入多种格式的图像、音频、视频及项目文件，如文件扩展名为 MOV、AVI、MXF 和 F4V 等格式的文件。需注意的是，这些文件扩展名是指容器文件格式，而不是特定的音频、视频或图像数据格式。容器文件可以包含使用各种压缩和编码方案编码的数据。能否导入其中包含的数据，取决于计算机是否安装了编码器和解码器，尤其是解码器。通过安装其他的编解码器，用户可以扩展 Premiere Pro CC 导入其他文件类型的能力，如安装 QuickTime 播放器。

1. 支持的音视频格式

HEVC (H.265)	H.264 AVC	DNxHR	OpenEXR	3GP、3G2 (.3gp)
Apple ProRes 64 位	ASF	AVI (.avi)	DV (.dv)	DNxHD
F4V (.f4v)	GIF (.gif)	M1V	M2T	M2TS
M4V	MOV	MP4	MPEG、MPE、MPG	M2V
MTS	MXF	MJPEG	VOB	WMV

2. 支持的摄像机格式

★ ARRI AMIRA 摄像机
★ Canon XF、Canon RAW
★ CinemaDNG
★ Panasonic AVC、P2 摄像机
★ Phantom Cine 媒体
★ RED 支持
★ Sony 摄像机

3. 支持的音频文件格式

AAC	AC3	AIFF、AIF	ASND	AVI
BWF	M4A	MP3	MPEG、MPG	MOV
MXF	WMA	WAV		

4. 支持的静帧图像和图像序列文件格式

AI、EPS	BMP、DIB、RLE	DPX	EPS	GIF
ICO	JPEG	PICT	PNG	PSD
PSQ	PTL、PRTL	TGA、ICB、VDA、VST	TIF	

5. 支持的隐藏字幕和字幕文件格式

DFXP	MCC	SCC	STL	XML

6. 支持的视频项目文件格式

AAF	AEP、AEPX	CSV、PBL、TXT、TAB	EDL	PLB
PREL	PRPROJ	PSQ	XML	

4.2.2 导入素材的方法

导入素材就是将计算机中已有的素材导入Premiere Pro CC 软件中的过程。导入的素材都会放置在【项目】面板中，以便编辑使用，如图 4-2 所示。

导入素材的方法一般有 4 种，通过【文件】菜单导入素材、通过【媒体浏览器】面板导入素材、通过【项目】面板导入素材和将素材直接拖曳至【项目】面板中。

实践操作 导入素材

素材文件： 素材文件 / 第 04 章 / 图片 (1).jpg ～图片 (4).jpg

案例文件： 案例文件 / 第 04 章 / 导入素材 .prproj

教学视频： 教学视频 / 第 04 章 / 导入素材 .mp4

技术要点： 掌握导入素材的 4 种方法。

STEP 1 通过【文件】菜单导入素材。执行菜单【文件】>【导入】命令，如图 4-3 所示。

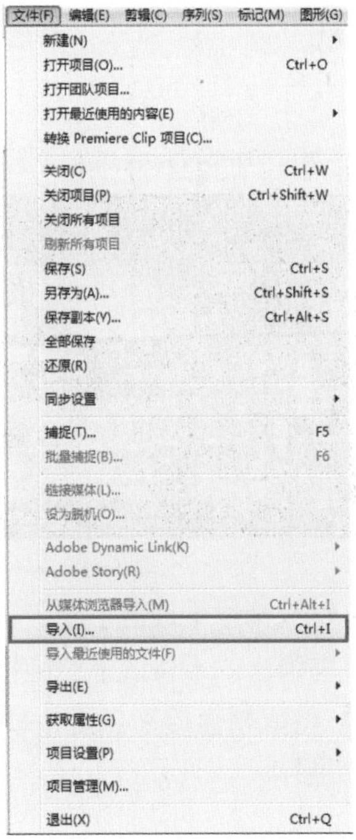

STEP 2 在弹出的【导入】对话框中，查找素材路径，如图 4-4 所示。

STEP 3 选择"图片 (1).jpg"素材文件，并单击【打开】按钮，如图 4-5 所示。

STEP 4 在弹出的【导入文件】对话框中会显示文件导入进度，如图 4-6 所示。

STEP 5 继续通过【媒体浏览器】面板导入素材。执行菜单【窗口】>【媒体浏览器】命令，如图 4-7 所示。

图 4-2

图 4-3

图 4-4

图 4-5

图 4-6

图 4-7

STEP 6 在打开的【媒体浏览器】面板中，查找"图片 (2).jpg"素材文件路径并查看文件，如图 4-8 所示。

STEP 7 选中"图片 (2).jpg"素材文件，执行右键菜单中的【导入】命令，或将文件拖曳至【项目】面板中，如图 4-9 所示。

图 4-8

图 4-9

STEP 8 继续通过【项目】面板导入素材。双击【项目】面板的空白处，如图 4-10 所示。

STEP 9 在弹出的【导入】对话框中，查找并选择"图片 (3).jpg"素材文件，并单击【打开】按钮。

STEP 10 将素材直接拖曳至【项目】面板中。在计算机的资源管理器中找到"图片 (4).jpg"素材文件，如图 4-11 所示。

图 4-10 图 4-11

STEP 11 选中"图片 (4).jpg"素材文件，将其拖曳至【项目】面板中，如图 4-12 所示。

STEP 12 在【项目】面板中查看导入效果，如图 4-13 所示。

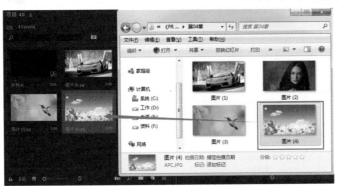

图 4-12 图 4-13

实践操作 导入图像序列

素材文件： 素材文件 / 第 04 章 / 序列 / 序列 000.jpg ~ 序列 100.jpg

案例文件： 案例文件 / 第 04 章 / 导入图像序列 .prproj

教学视频： 教学视频 / 第 04 章 / 导入图像序列 .mp4

技术要点： 掌握导入图像序列的方法。

STEP 1 执行菜单【文件】>【导入】命令，查找文件路径，并检查文件名称，如图 4-14 所示。

STEP 2 在【导入】对话框中勾选【图像序列】复选框，选择首个编号文件"序列 000.jpg"素材文件，然后单击【打开】按钮，如图 4-15 所示。

STEP 3 在【项目】面板中，查看相同名称的视频文件，如图 4-16 所示。

图 4-14

图 4-15

图 4-16

│ 4.3 创建特殊素材

在编辑过程中除了要对原始素材进行编辑操作，许多时候还要添加适当的特殊素材，以便达到更好的效果。而 Premiere Pro CC 就提供了一些常用的特殊素材，以便用户使用。在【项目】面板中，执行右键菜单中的【新建项目】命令，或执行菜单【文件】>【新建】命令可以创建许多常用的特殊素材，包括【彩条】【黑场视频】【字幕】【颜色遮罩】【HD 彩条】【通用倒计时片头】和【透明视频】等，如图 4-17 所示。

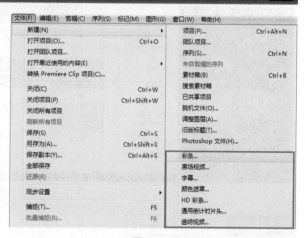

图 4-17

4.3.1 彩条

彩条是一段带有音频效果的视频静态影像，多用于节目正式播放之前或无节目之时，目的是对颜色进行校对，如图 4-18 所示。视频为条状多彩线条，音频为持续嘟鸣声。

4.3.2 黑场视频

黑场视频是一段黑色画面的视频素材，多用于制作淡入淡出或转场效果。

图 4-18

> **技 巧**
>
> 新创建的黑场视频默认持续时间与静止图像默认持续时间相同。可以执行菜单【编辑】>【首选项】>【时间轴】命令，设置其持续时间。

4.3.3 字幕

字幕是在视频画面中添加的文字或图形，创建的字幕可以刻录到视频流中，如图 4-19 所示。在【字幕】面板中，可以创建字幕块、添加文本和更改文本格式 (颜色、大小、位置和背景颜色)。

4.3.4 颜色遮罩

颜色遮罩类似于一张单色背景图片，多用于制作背景或为素材添加彩色蒙版，需要设置遮罩颜色，如图 4-20 所示。

图 4-19

图 4-20

4.3.5 HD 彩条

HD 彩条符合 ARIB STD-B28 标准，可用于校准视频输出，合成媒体还包含 1-kHz 音调，如图 4-21 所示。

4.3.6 通用倒计时片头

通用倒计时片头是一段为倒计时准备的素材，通常用于影片的开始阶段，给观众一个心理准备的时间。要想达到特殊的效果,可以调整【通用倒计时设置】对话框中的属性设置,如图 4-22 所示。

※ 参数详解

【擦除颜色】：设置通用倒计时片头在播放时，指针转动之后的背景颜色为当前的擦除色。

【背景色】：设置通用倒计时片头在播放之前背景的颜色。

【线条颜色】：设置通用倒计时片头中指示线的颜色。

【目标颜色】：设置通用倒计时片头背景中圆环的颜色。

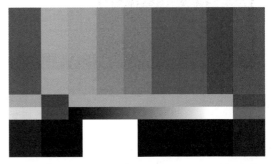

图 4-21

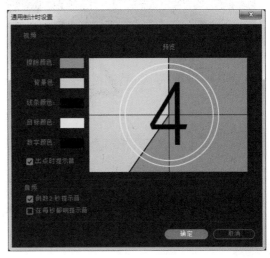

图 4-22

【**数字颜色**】：设置通用倒计时片头所显示的数字的颜色。

【**出点时提示音**】：勾选该复选框，在倒计时出点时发出提示音。

【**倒数 2 秒提示音**】：勾选该复选框，在计时到倒数第 2 秒时发出提示音。

【**在每秒都响提示音**】：勾选该复选框，在每一秒钟开始的时候都发出提示音。

实践操作 　**添加通用倒计时片头**

　　素材文件： 无

　　案例文件： 案例文件 / 第 04 章 / 通用倒计时片头 .prproj

　　教学视频： 教学视频 / 第 04 章 / 通用倒计时片头 .mp4

　　技术要点： 掌握添加彩色通用倒计时片头的方法。

STEP 1 单击【项目】面板右下角的【新建项】按钮 ，然后执行【通用倒计时片头】命令，如图 4-23 所示。

STEP 2 在弹出的【新建通用倒计时片头】对话框中，单击【确定】按钮，如图 4-24 所示。

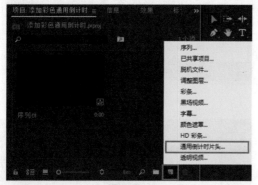

图 4-23　　　　　　　　　　　　　　　　　　　　图 4-24

STEP 3 在弹出的【通用倒计时设置】对话框中，单击【擦除颜色】右侧的颜色块设置颜色，如图 4-25 所示。

STEP 4 在弹出的【拾色器】对话框中，设置颜色为红色 (255,0,0)，如图 4-26 所示。

图 4-25　　　　　　　　　　　　　　　　　　　　图 4-26

STEP 5 在【通用倒计时设置】对话框中，继续更改其他颜色，如图 4-27 所示。

STEP 6 在【通用倒计时设置】对话框中，勾选【在每秒都响提示音】复选框，并单击【确定】按钮，如图 4-28 所示。

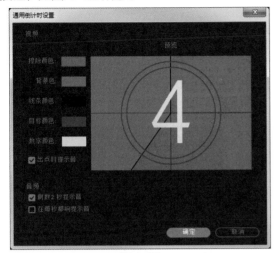

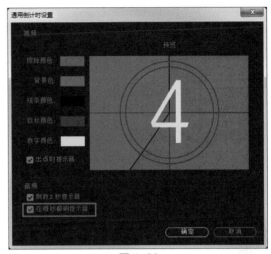

图 4-27 　　　　　　　　　　　　　　　图 4-28

STEP 7 将【项目】面板中的【通用倒计时片头】拖曳至【源监视器】面板中，查看效果，如图 4-29 所示。

图 4-29

4.3.7 透明视频

透明视频是一个不含任何影像的具有透明画面的视频文件，多用于时间占位或为其添加效果，可设置图像尺寸等，如图 4-30 所示。

图 4-30

实践操作　透明视频应用棋盘效果

素材文件： 无

案例文件： 案例文件 / 第 04 章 / 透明视频应用棋盘效果 .prproj

教学视频： 教学视频 / 第 04 章 / 透明视频应用棋盘效果 .mp4

技术要点： 掌握在透明视频上添加【棋盘】效果的方法。

STEP 1 新建【透明视频】素材。执行菜单【文件】>【新建】>【透明视频】命令，如图 4-31 所示。

STEP 2 在【新建透明视频】对话框中，确认文件属性信息，并单击【确定】按钮，如图 4-32 所示。

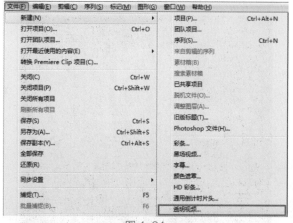

图 4-31   图 4-32

STEP 3 将【项目】面板中的【透明视频】素材拖曳至【时间轴】面板中的视频轨道【V1】上，如图 4-33 所示。

图 4-33

STEP 4 激活【效果】面板，在搜索栏中输入"棋盘"，并按 Enter 键，如图 4-34 所示。

STEP 5 在【效果】面板中，将【生成】文件夹下的【棋盘】效果拖曳至视频轨道【V1】的【透明视频】素材上，如图 4-35 所示。

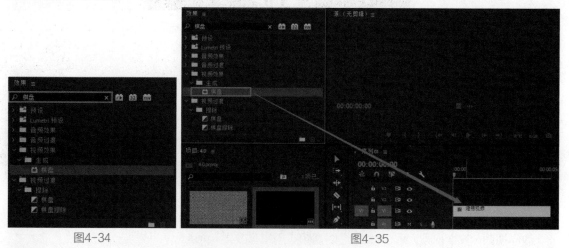

图 4-34   图 4-35

STEP 6 在【节目监视器】面板中查看画面效果，如图 4-36 所示。

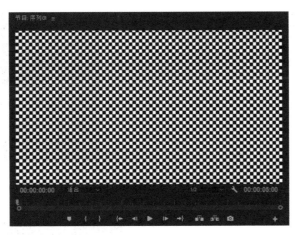

图 4-36

| 4.4 创建剪辑

在 Premiere Pro CC 中，可以对【项目】面板中的素材文件进行复制或创建剪辑，以便使用。

4.4.1 复制源素材

在【项目】面板中选中素材，执行右键菜单中的【复制】或【副本】命令，可以创建与源素材相同的新素材，如图 4-37 所示。删除源素材，并不影响复制后素材的使用。

※ 知识补充

在【项目】面板中，按住 Ctrl 键并拖曳源素材，即可复制素材文件。

图 4-37

4.4.2 创建剪辑

在操作时，经常只使用源剪辑素材中的某一部分。为了简化操作便于管理，可以将这个部分单独提取使用，使其成为一个新的单独的剪辑素材。在源剪辑素材基础上创建新剪辑素材的过程，就是创建子剪辑的过程。

可以执行菜单【剪辑】>【编辑子剪辑】命令，直接创建子剪辑素材，并在【编辑子剪辑】对话框中修改其开始和结束时间，也可以将子剪辑转换为主剪辑，如图 4-38 所示。也可以通过【源监视器】面板创建子剪辑。

图 4-38

| 4.5 管理素材

导入素材后，就需要在【项目】面板中对文件进行分类管理，以便快速选择适合的素材进行操作。

4.5.1 显示素材

导入的素材都会在【项目】面板中显示，而在【项目】面板中提供了【列表视图】和【图标视图】两种不同的显示方式，以便用户选择使用，如图 4-39 所示。

默认的显示方式为【列表视图】显示，使用此方式可以快速地查看素材的名称、标签颜色、视频持续时间、视频信息和帧速率等多项属性，如图 4-40 所示。

【图标视图】显示方式，则是将素材以缩略图的方式显示，方便查看素材的画面内容，如图 4-41 所示。

图 4-39

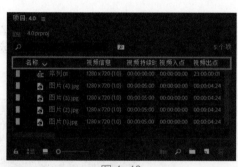

图 4-40

图 4-41

4.5.2 缩放显示

在【项目】面板中可以调整素材图标的显示大小。滑动【项目】面板下方的滑块，即可调整图标的大小，如图 4-42 所示。

4.5.3 预览素材

在【项目】面板的【预览区域】中，可以预览选中的素材，如图 4-43 所示。可以单击【项目】面板上的显示菜单按钮，选择【预览区域】选项，以显示预览区域。

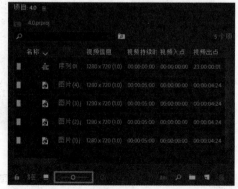

图 4-42

图 4-43

4.5.4　查看素材属性

了解素材的相关属性，以便选择更适合的素材进行操作。常用的查看方法有 4 种。

✦ 在【项目】面板中查看文件属性。使用【项目】面板中的【列表视图】显示方式，可以直接查看素材的【名称】【帧速率】【视频持续时间】【媒体开始点】和【媒体结束点】等多项属性信息。

✦ 在【信息】面板中查看文件属性。激活【信息】面板，查看选中素材的属性信息。

✦ 执行【文件】命令查看文件属性。执行菜单【文件】>【获取属性】>【文件】命令，查看素材属性。

✦ 执行【选择】命令查看文件属性。执行菜单【文件】>【获取属性】>【选择】命令，查看素材属性。

4.5.5　素材标签

标签是指可以识别和关联素材的颜色。在【项目】面板中素材会根据类型自动匹配标签颜色，以方便用户分类查找素材，如图 4-44 所示。用户也可以根据自身需要或喜好，更改素材标签颜色。

4.5.6　重命名素材

有些素材可以重新命名，以方便查找或管理。在【项目】面板中，在素材上执行右键菜单中的【重命名】命令，或者双击素材名称，都可为素材重新命名，如图 4-45 所示。

图 4-44

图 4-45

4.5.7　查找素材

在【项目】面板中，在搜索框中输入要查找素材的全部或部分名称，即可显示所有包含关键字的素材，如图 4-46 所示。也可以单击【项目】面板中的【查找】按钮，在【查找】对话框中进行查找。

4.5.8　删除素材

删除多余的素材可以减轻素材管理的复杂程度。在【项目】面板中，选择要删除的素材后，单击【删除】按钮，或按 Delete 键，即可删除素材，如图 4-47 所示。需要注意的是，【项目】面板中的素材被删除的同时，序列中相对应的素材也将被删除。

图 4-46

图 4-47

4.5.9 替换素材

在制作项目时，可以使用一个素材替换另一个素材，同时不影响源素材的编辑效果。

实践操作 **替换素材**

素材文件： 素材文件 / 第 04 章 / 图片 (1).jpg ～图片 (4).jpg
案例文件： 案例文件 / 第 04 章 / 替换素材 .prproj
教学视频： 教学视频 / 第 04 章 / 替换素材 .mp4
技术要点： 掌握替换素材的方法。

STEP 1 将【项目】面板中的"图片 (1).jpg"～"图片 (3).jpg"素材拖曳至【时间轴】面板中的视频轨道【V1】上，如图 4-48 所示。

图 4-48

STEP 2 激活【效果】面板，在搜索栏中输入"黑白"，并按 Enter 键，如图 4-49 所示。

STEP 3 将【效果】面板中的【黑白】效果拖曳至视频轨道【V1】的"图片 (2).jpg"素材上，如图 4-50 所示。

STEP 4 选择【项目】面板中的"图片 (2).jpg"素材，执行右键菜单中的【替换素材】命令，如图 4-51 所示。

STEP 5 在弹出的对话框中，选择要替换的"图片 (4).jpg"素材，并单击【选择】按钮，如图 4-52 所示。

图 4-49

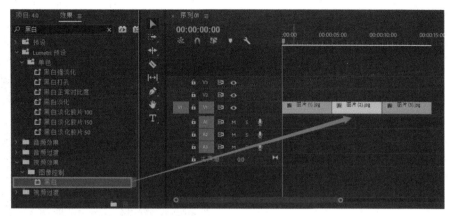

图 4-50

图 4-51

图 4-52

STEP 6 查看替换后的效果，如图 4-53 所示。

图 4-53

4.5.10 修改素材

修改素材是对素材的一些基本属性进行重新设置。选择素材，执行右键菜单中的【修改】>【解释素材】命令，在弹出的【修改剪辑】对话框中进行修改，如图 4-54 所示。

4.5.11 移除未使用素材

在【项目】面板中移除未使用的素材，可以简化素材选择，方便管理，同时也能减轻操作压力。执行菜单【编辑】>【移除未使用资源】命令，即可移除未使用的素材。

> **提 示**
>
> 【移除未使用资源】命令只会移除在项目中未被使用的素材，被编辑的素材不会被移除。

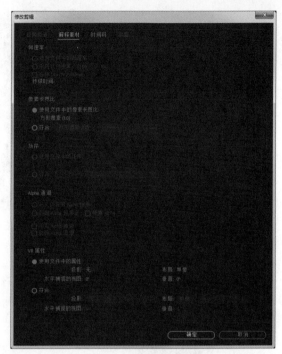

图 4-54

4.5.12 序列自动化

序列自动化可以将素材按照设置好的方式排列到序列中。在【项目】面板下方有【自动匹配到序列】按钮，如图 4-55 所示。单击【自动匹配到序列】按钮后，可在【序列自动化】对话框中设置操作参数，如图 4-56 所示。

图 4-55

图 4-56

※ **参数详解**

【**顺序**】：设置素材在时间轴轨道上的排列方式。

【**放置**】：设置素材在时间轴轨道上的放置方式。

【**方法**】：设置素材在时间轴轨道上的添加方式。

【**剪辑重叠**】：设置素材之间转场特效的默认时间。

【**使用入点 / 出点范围**】：设置静止素材的持续时间在默认的出入点之间。

【**每个静止剪辑的帧数**】：设置静止素材的持续时间。

【**应用默认音频过渡**】：勾选该复选框，添加默认音频过渡效果。

【**应用默认视频过渡**】：勾选该复选框，添加默认视频过渡效果。

【**忽略音频**】：勾选该复选框，音频部分会被忽略掉。

【**忽略视频**】：勾选该复选框，视频部分会被忽略掉。

> **技 巧**
>
> 在【项目】面板中，选择素材的先后顺序，决定着它们在序列中的排列顺序。

> **技 巧**
>
> 按住 Shift 键可以连续选择两个素材之间的所有素材。
>
> 按住 Ctrl 键可以单独加选或减选素材。

> **技 巧**
>
> 自动匹配序列后的素材，会在【当前时间指示器】之后进行插入，如图 4-57 所示。
>
>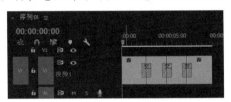
>
> 图 4-57

4.5.13 脱机文件

脱机文件是当前项目中不可用的素材文件。文件不可用的原因有多种可能性，包括文件损坏删除、文件名称改变和文件路径改变等。脱机文件会在【源监视器】面板和【节目监视器】面板中显示素材脱机信息，如图 4-58 所示。将脱机文件重新链接媒体素材后，便可重新使用。

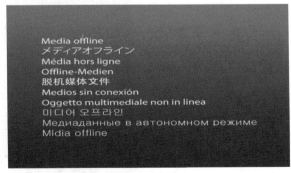

图 4-58

4.5.14 文件夹管理

在【项目】面板中可以使用文件夹将素材分类管理，方便使用。单击【项目】面板右下方的【新建素材箱】按钮 ，便可创建文件夹，如图 4-59 所示。

图 4-59

4.6 实训案例：我爱世界杯

4.6.1 案例目的

素材文件： 素材文件 / 第 04 章 / 片头 00.jpg ～片头 71.jpg、我爱世界杯 01.jpg ～我爱世界杯 12.jpg、背景音乐 .mp3

案例文件： 案例文件 / 第 04 章 / 我爱世界杯 .prproj

教学视频： 教学视频 / 第 04 章 / 我爱世界杯 .mp4

技术要点： 加深理解多种导入素材、查看素材、分类素材、删除素材和文件夹管理的方法，以及自动匹配序列功能的运用。

4.6.2 案例思路

(1) 将序列素材、音频素材和图片素材以多种方式导入软件项目中。

(2) 对素材进行查看和管理。

(3) 运用【自动匹配序列】功能将素材放置在时间轴上。

(4) 删除多余的素材。

4.6.3 制作步骤

1. 设置项目

STEP 1 打开 Premiere Pro CC 软件，在【开始】界面上单击【新建项目】按钮，如图 4-60 所示。

STEP 2 在【新建项目】对话框中，输入项目名称为"我爱世界杯"，并设置项目存储位置，单击【确定】按钮，如图 4-61 所示。

STEP 3 创建序列。在【新建序列】对话框中，设置序列格式为【HDV】>【HDV 720p25】，设置【序列名称】为"我爱世界杯"，如图 4-62 所示。

图 4-60

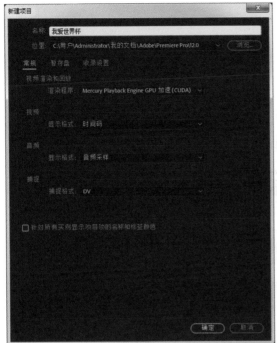

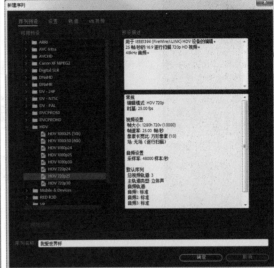

图 4-61

图 4-62

STEP 4 双击【项目】面板的空白处，在【导入】对话框中选择序列素材。选中序列素材的首个文件"片头 00.jpg"素材，勾选【图像序列】复选框，将序列素材导入，如图 4-63 所示。

STEP 5 执行菜单【文件】>【导入】命令，在【导入】对话框中选择"我爱世界杯 01.jpg"～"我爱世界杯 12.jpg"图片素材，将其导入，如图 4-64 所示。

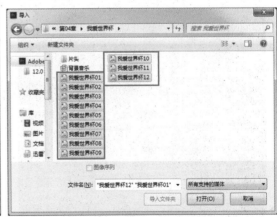

图 4-63

图 4-64

STEP 6 将"背景音乐 .mp3"文件从资源管理器中拖曳至【项目】面板中，如图 4-65 所示。

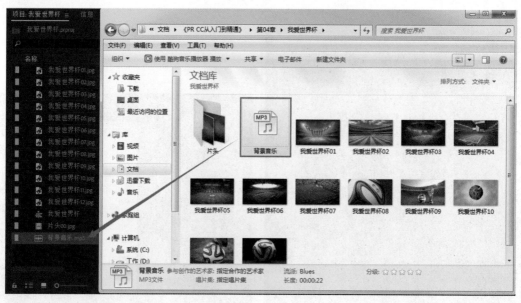

图 4-65

2. 管理素材

STEP 1 在【项目】面板中，以【列表视图】的方式显示素材，并查看素材的名称、标签、媒体持续时间、帧速率、视频持续时间、视频入点和视频出点等属性信息，如图 4-66 所示。

STEP 2 在【项目】面板中，单击【新建素材箱】按钮，设置名称为"图片素材"，然后将"我爱世界杯 01.jpg"~"我爱世界杯 12.jpg"图片素材拖曳至文件夹中，如图 4-67 所示。

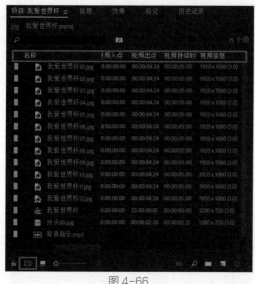

图 4-66

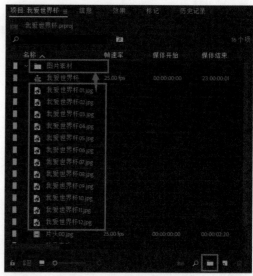

图 4-67

3. 自动匹配序列

STEP 1 先选择"片头 00.jpg"序列，再加选"图片素材"文件夹，单击【自动匹配序列】按钮，如图 4-68 所示。

STEP 2 在弹出的【序列自动化】对话框中，设置【剪辑重叠】为"24帧"，选中【每个静止剪辑的帧数】单选按钮，并设置为"75帧"，如图4-69所示。

图 4-68

图 4-69

4. 设置时间轴序列

STEP 1 将"背景音乐.mp3"素材文件拖曳至音频轨道【A1】上，如图4-70所示。

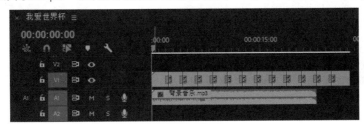

图 4-70

STEP 2 选择 00:00:22:20 位置右侧最后两个素材，按 Delete 键将其删除，如图4-71所示。

图 4-71

5. 查看最终效果

在【节目监视器】面板中查看最终动画效果，如图4-72所示。

图 4-72

第 5 章

修剪素材

　　修剪素材就是使用监视器和修剪工具修整裁剪素材。Premiere Pro CC 软件是一款偏向于后期剪辑功能的软件，具有较强的监控素材和修剪素材的能力。Premiere Pro CC 将线性编辑中监控素材效果的监视器功能引入软件，创建了多个监视器面板，用于查看和修整素材。配合工具面板中的修剪工具，可以更为有效地修剪素材。

| 5.1　监视器的时间控件

5.1.1　时间标尺

　　【时间标尺】用来显示或查看监视器中素材或序列的时间信息，如图 5-1 所示。【时间标尺】还显示其对应监视器的标记以及入点和出点的图标，可通过拖曳【当前时间指示器】、标记、入点及出点的图标来调整。

图 5-1

　　默认情况下，时间标尺数字不显示。用户可以在监视器的【时间标尺】中，执行右键菜单中的【时间标尺数字】命令，以显示时间标尺数字，如图 5-2 所示。

图 5-2

5.1.2 当前时间指示器

　　【当前时间指示器】就是在监视器的【时间标尺】中显示当前帧的位置，使监视器显示当前帧的图像信息，如图 5-3 所示。

图 5-3

　　【当前时间指示器】又名【播放指示器】或【当前时间线指示器】等，各个版本翻译不同，老用户的习惯称呼也不同，所以今后在与他人沟通时要略加注意。

5.1.3 当前时间显示

　　【当前时间显示】就是显示当前帧的时间码，如图 5-4 所示。

图 5-4

　　移动到不同的时间，可以在【当前时间显示】中单击并输入新的时间，或者将鼠标指针置于时间显示的上方并向左或向右滑动。

　　如果要在完整时间码和帧计数显示之间进行切换，用户可在按住 Ctrl 键的同时单击【当前时间显示】，这样可以快速切换视频时间显示格式，如图 5-5 所示。

图 5-5

素材文件：素材文件 / 第 05 章 / 视频片段 01.mp4

案例文件：案例文件 / 第 05 章 / 跳转时间 .prproj

教学视频：教学视频 / 第 05 章 / 跳转时间 .mp4

技术要点：掌握跳转时间的方法。

STEP 1 在【源监视器】面板中打开视频素材，并将【当前时间指示器】移动到 00:00:03:00 位置，如图 5-6 所示。

STEP 2 按住 Ctrl 键的同时单击【当前时间显示】，快速将时间显示格式调整为帧计数模式，如图 5-7 所示。

STEP 3 在【当前时间显示】中按数字键盘的 + 键并输入数字 100，如图 5-8 所示。

STEP 4 按住 Ctrl 键的同时单击【当前时间显示】，切换回完整时间码模式，并在【源监视器】面板中查看效果，如图 5-9 所示。

图 5-6

图 5-7

图 5-8

图 5-9

5.1.4　持续时间显示

【持续时间显示】用于显示已打开的素材或序列的持续时间，如图 5-10 所示。持续时间是指素材或序列的入点和出点之间的时间差。

图 5-10

5.1.5　缩放滚动条

【缩放滚动条】与监视器中【时间标尺】的可见区域对应。

拖曳手柄更改【缩放滚动条】的宽度，可影响【时间标尺】的刻度。将滚动条扩展至最大宽度，将显示【时间标尺】的整个持续时间。滚动条收缩可将标尺进行放大，从而显示更加详细的标尺视图，如图 5-11 所示。扩展和收缩滚动条的操作均以【当前时间指示器】为中心。

图 5-11

| 5.2 监视器的播放控件

监视器包含多种播放控件，它们类似于录像机的播放控制按键，如图 5-12 所示。

播放控件可使用【按钮编辑器】自定义。大多数播放控件都有等效的键盘快捷键。

常用的播放操作如下。

图 5-12

★ 要进行播放，就单击【播放】按钮▶，或者按 L 或空格键。要停止播放，就单击【停止】按钮■，或者按 K 或空格键。反复按空格键可在【播放】和【停止】之间进行切换。

★ 要进行倒放，就按 J 键。

★ 要从入点播放到出点，就单击【从入点播放到出点】按钮{▶}。

★ 要反复播放整个素材或序列，就单击【循环】按钮❤，然后单击【播放】按钮▶。再次单击【循环】按钮❤可取消选择并停止循环。

★ 要反复从入点播放到出点，就单击【循环】按钮❤，然后单击【从入点播放到出点】按钮{▶}。再次单击【循环】按钮❤可取消选择并停止循环。

★ 要加速向前播放，就反复按 L 键。对于大多数媒体类型，素材播放速度可增加 1 ~ 4 倍。

★ 要加速后播放，就反复按 J 键。对于大多数媒体类型，素材向后播放速度可增加 1 ~ 4 倍。

★ 要慢动作向前播放，就按 Shift+L 键。

★ 要慢动作向后播放，就按 Shift+J 键。

★ 要围绕当前时间播放，即从播放指示器之前的两秒播放到播放指示器之后的两秒，就单击【播放邻近区域】按钮▶|▶。

★ 要前进一帧，就单击【前进】按钮I▶，或者按住 K 键并按 L 键，或按→键。

★ 要前进五帧，就按住 Shift 键并单击【前进】按钮I▶，或按 Shift+ →键。

★ 要后退一帧，就单击【后退】按钮◀I，或按住 K 键并按 J 键，或按←键。

★ 要后退五帧，就按住 Shift 键并单击【后退】按钮◀I，或按 Shift+ ←键。

★ 要跳到下一个标记，就单击【源监视器】面板中的【转到下一个标记】按钮。

★ 要跳到上一个标记，就单击【源监视器】面板中的【转到上一个标记】按钮。

★ 要跳到剪辑的入点，就单击【源监视器】面板中的【转到入点】按钮{←。

★ 要跳到剪辑的出点，就单击【源监视器】面板中的【转到出点】按钮→}。

★ 将鼠标指针悬停在监视器上，滚动鼠标滚轮逐帧向前或向后移动。

★ 单击要定位的监视器的当前时间显示，并输入新的时间。无须输入冒号或分号，小于 100 的数字将被解释为帧数。

★ 要跳转至序列目标音频或视频轨道中的上一个编辑点，就单击【节目监视器】面板中的【转到上一个编辑点】按钮|←，或在活动【时间轴】面板或【节目监视器】面板中按↑键。按住 Shift 键可跳到所有轨道的上一个编辑点。

★ 要跳转至序列目标音频或视频轨道中的下一个编辑点，就单击【节目监视器】面板中的【转到下一个编辑点】按钮➡️，或在活动【时间轴】面板或【节目监视器】面板中按↓键。按住 Shift 键可跳到所有轨道的上一个编辑点。

★ 要跳到序列的开头，就选择【节目监视器】面板或【时间轴】面板并按 Home 键，或单击【节目监视器】面板中的【转到入点】按钮⬅️。

★ 要跳到序列的结尾，就选择【节目监视器】面板或【时间轴】面板并按 End 键，或单击【节目监视器】面板中的【转到出点】按钮➡️。

5.3 监视器的剪辑

5.3.1 设置标记点

【添加标记】按钮可以设置标记点，便于快速查找特定位置，也方便使其他素材快速对齐，如图 5-13 所示。

添加多个标记点后，单击【转到上一标记】按钮或【转到下一标记】按钮，即可将【当前时间指示器】快速移动到上一个标记或下一个标记处，如图 5-14 所示。

图 5-13　　　　　图 5-14

5.3.2 设置入点和出点

入点和出点的功能就是设置素材可用部分的起始位置和结束位置，即入点和出点之间的内容为可用素材，如图 5-15 所示。

一般在【源监视器】面板中，对多段素材设置入点和出点，进行剪辑，然后再将剪辑好的素材添加到【时间轴】面板中进行编辑。

图 5-15

5.3.3 拖动视频或音频

在【源监视器】面板中，有可将带有音视频链接的素材单独使用其音频或视频部分的功能的图标。单击【仅拖动视频】图标或【仅拖动音频】图标，并拖曳至序列中即可，如图 5-16 所示。

图 5-16

5.3.4 插入和覆盖

一般在【源监视器】面板中，可以执行右键菜单中的【插入】或【覆盖】命令将剪辑好的素材，从【源监视器】面板添加到【时间轴】面板中，如图 5-17 所示。

图 5-17

单击【插入】按钮 ，素材将被添加到【时间轴】面板中【当前时间指示器】的右侧。
【时间轴】面板中的原有素材将会被分成两部分，右侧部分的素材将被移动到插入素材之后，如
图 5-18 所示。【时间轴】面板中原有素材的时长和内容没有发生改变，只是位置变化了。

单击【覆盖】按钮 ，素材将被添加到【时间轴】面板中【当前时间指示器】的右侧，并替换
相同时间长度的原有素材，如图 5-19 所示。【时间轴】面板中原有素材的位置没有变化，只是时
长和内容被裁剪了。

图 5-18   图 5-19

实践操作 **插入和覆盖**

素材文件： 素材文件 / 第 05 章 / 视频片段 03.mp4、视频片段 04.mp4
案例文件： 案例文件 / 第 05 章 / 插入和覆盖 .prproj
教学视频： 教学视频 / 第 05 章 / 插入和覆盖 .mp4
技术要点： 掌握使用【插入】按钮和【覆盖】按钮的方法。

STEP 1 将【项目】面板中的"视频片段 03.mp4"素材拖
曳至视频轨道【V1】上，并将【当前时间指示器】移动到
00:00:04:00 位置，如图 5-20 所示。

STEP 2 在【源监视器】面板中打开"视频片段 04.mp4"
素材，设置入点为 00:00:03:00，出点为 00:00:05:00，
如图 5-21 所示。

图 5-20

STEP 3 插入素材。单击【插入】按钮，将素材添加到【当前时间指示器】的右侧，如图 5-22
所示。

图 5-21   图 5-22

STEP 4 在【源监视器】面板中，设置"视频片段 04.mp4"素材的入点为 00:00:06:00，出点为 00:00:10:00，如图 5-23 所示。

STEP 5 覆盖素材。单击【覆盖】按钮，将素材添加到【当前时间指示器】的右侧，如图 5-24 所示。

图 5-23　　　　　　　　　　　　　　　　图 5-24

5.3.5　提升和提取

【节目监视器】面板中的【提升】按钮和【提取】按钮，具有快速删除序列内某段素材的功能，如图 5-25 所示。

【提升】按钮是将序列内的选中部分删除，但被删除素材右侧的素材时间和位置不会发生改变，只是在序列中留出了删除素材的缝隙空间，如图 5-26 所示。

图 5-25

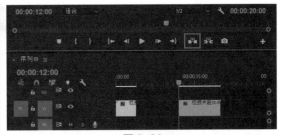

图 5-26

【提取】按钮是将序列内的选中部分删除，同时被删除素材右侧的素材会向左移动，移动到入点的位置，相当于素材被删除后又执行了一个波纹删除的功能，如图 5-27 所示。

5.3.6　导出单帧

【导出单帧】按钮用于从监视器中将当前帧导出并创建静帧图像，如图 5-28 所示。

图 5-27

5.3.7　修剪模式

双击序列素材间的编辑点，【节目监视器】面板中就会显示修剪界面，如图 5-29 所示。在修剪模式中，编辑点左右素材双联显示，可以细微调整编辑点的位置和过渡效果。

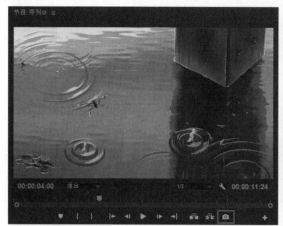

图 5-28

图 5-29

使用以下操作可微调修剪。

★ 单击【向前修剪】或【向后修剪】按钮，可一次修剪一帧。键盘快捷键分别为 Ctrl+ →键和 Ctrl+ ←键。

★ 单击【大幅向前修剪】按钮 或【大幅向后修剪】按钮 ，可一次修剪多帧。键盘快捷键分别为 Ctrl+Shift+ →键和 Ctrl+Shift+ ←键。

★ 使用数字小键盘上的 + 键或 − 键偏移输入，可修剪指定数字的偏移。

★ 单击【应用默认过渡到选择项】按钮，可将默认音频和视频过渡添加到编辑点。

★ 执行菜单【编辑】>【撤销】或【重做】命令，或使用快捷键，可在播放期间更改修剪。

5.4 监视器常用功能

在监视器中有许多功能可帮助用户提高编辑效率。

5.4.1 按钮编辑器

默认情况下，监视器底部会显示最常用的按钮。另外，用户可单击监视器右下方的【按钮编辑器】按钮 ，添加更多的按钮，如图 5-30 所示。

5.4.2 设置显示品质

降低分辨率可加快播放速度，但会损失一定的图像显示品质。一般在处理高分辨率素材时，可将播放分辨率设置为较低的值（例如 1/4)，以便于流畅地播放，将暂停分辨率设置为"完整"，如图 5-31 所示。这样，就可以在播放暂停期间检查焦点或边缘细节的质量。

图 5-30

5.4.3 更改显示级别

　　监视器可以缩放视频素材以适应可用区域。可以增大每个视图的缩放级别，以显示视频素材的更多细节。也可以降低缩放级别，以便更多地显示图像周围的区域，如图 5-32 所示。

图 5-31　　　　　　　　　　　　　　　　　　图 5-32

技　巧

　　许多时候，降低缩放级别，以便更多地显示图像周围的区域，可以更方便地调整素材的动态效果。

5.4.4 安全边距

　　【安全边距】可以起到辅助参考的作用，如图 5-33 所示。安全边距辅助线不会被导出。

5.4.5 丢帧指示器

　　【丢帧指示器】主要用于指示监视器中的视频在播放期间是否丢帧。该指示器灯起始时为绿色，在发生丢帧时变为黄色，并在每次播放时重置，如图 5-34 所示。

图 5-33　　　　　　　　　　　　　　　　　　图 5-34

5.4.6 在源监视器中打开素材

　　要查看或者编辑各个素材实例，就需要在【源监视器】面板中打开素材。【源监视器】面板的

菜单中，会列出打开的素材，可以从中选择要监控的素材，如图 5-35 所示。

在【源监视器】面板中打开素材的方法有很多种，可执行以下任意操作。

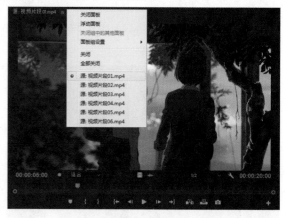

★ 双击【项目】面板或【时间轴】面板中的素材，或将素材从【项目】面板拖曳至【源监视器】面板中。

★ 将多个素材或整个素材箱从【项目】面板拖曳至【源监视器】面板中，或者在【项目】面板中选择多个素材并双击它们。

★ 单击【源监视器】面板上的显示菜单按钮，从菜单中选择要查看素材的名称。

图 5-35

5.4.7 显示或隐藏监视器项目

为了给用户在操作面板时留出更多的空间，可以调整监视器显示或隐藏的项目。单击监视器上的【设置】按钮，可以调整的项目有【显示传送控件】【显示音频时间单位】【显示标记】和【显示丢帧指示器】等，如图 5-36 所示。

图 5-36

5.4.8 选择显示模式

在监视器中可以显示普通视频、音频波形或视频的 Alpha 通道模式。单击监视器上的【设置】按钮，可以调整显示模式，如图 5-37 所示。

※ 参数详解

【合成视频】：显示普通视频。

【音频波形】：显示音频波形。

【Alpha】：将透明度显示为灰度图像。

图 5-37

| 5.5 Lumetri 范围

【Lumetri 范围】面板可以显示一组可调整大小的内置视频范围，包括【矢量示波器】【直方图】【分量】和【波形】等，如图 5-38 所示。这些范围可以准确地评估素材并进行颜色校正。

※ 参数详解

【矢量示波器 HLS】：显示色相、饱和度、亮度和信号信息。

【矢量示波器 YUV】：显示一个圆形图，用于显示视频的色度信息。

【直方图】：显示每个颜色强度级别上像素密度的统计分析。使用直方图可以准确地评估阴影、中间调和高光，并调整总体的图像色调等级。

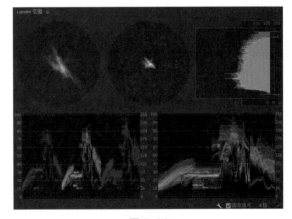

图 5-38

【分量】：显示表示数字视频信号中的明亮度和色差通道级别的波形。可以选择的分量类型有【RGB】【YUV】【RGB 白色】和【YUV 白色】。

【波形】：显示不同模式的波形范围，可以选择的波形类型有【RGB】【亮度】【YC】和【YC 无色度】。

| 5.6 参考监视器

【参考监视器】类似于辅助节目监视器，主要用于并排比较序列的不同帧，或使用不同查看模式查看序列的相同帧，如图 5-39 所示。

图 5-39

在【参考监视器】面板中单击【绑定到节目监视器】按钮，可以将【参考监视器】面板和【节目监视器】面板绑定到一起。

| 5.7 修剪工具

【工具】面板中的工具主要用于修剪序列中的素材，调整素材的编辑点。

5.7.1 工具详解

【工具】面板中包含 8 个编辑工具组，主要用于选择、编辑、调整和剪辑序列中的素材，如图 5-40 所示。将这些编辑组展开后还可以显示更多的编辑工具。

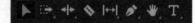

图 5-40

※ 工具详解

【选择工具】▶：该工具用于对素材进行选择或移动，也可以选择和调节关键帧的位置，或调整素材的入点或出点位置。

【向前选择轨道工具】：该工具用于对序列中所选素材右侧的素材进行全部选择。

【向后选择轨道工具】：该工具用于对序列中所选素材左侧的素材进行全部选择。

【波纹编辑工具】：该工具用于编辑所选素材的出点或入点位置，从而改变素材的长度，但相邻素材不受影响，序列总长度会相应的改变。

【滚动编辑工具】：该工具用于编辑所选素材的出点或入点位置，从而改变素材的长度，同时相邻素材的出点或入点位置也会相应的变化，而序列总长度不变。

【比率拉伸工具】：该工具用于编辑素材的播放速率，从而改变素材的长度。

【剃刀工具】：该工具可将素材进行分割。

【外滑工具】：该工具用于改变素材的入点和出点，序列总长度保持不变，且相邻素材不受影响。

【内滑工具】：该工具用于改变相邻素材的入点和出点，也用于改变自身在序列中的位置，而序列总长度保持不变。

【钢笔工具】：该工具用于设置素材的关键帧，也可创建或调整曲线。

【矩形工具】：该工具用于绘制矩形，按住 Shift 键可以绘制正方形。

【椭圆工具】：该工具用于绘制椭圆形。

【手形工具】：该工具用于平移时间轴轨道的可视范围。

【缩放工具】：该工具用于调整【时间轴】面板中素材的显示比例。按住 Alt 键可以在放大或缩小模式间进行切换。

【文字工具】：该工具用于以水平方向输入文本。

【垂直文字工具】：该工具用于以垂直方向输入文本。

5.7.2 修剪编辑点

在【时间轴】面板中修剪编辑点，可以通过 3 种方式进行，分别是"使用鼠标拖曳""使用键盘快捷键"和"使用数字小键盘"。

1. 使用鼠标拖曳

选择一个或多个编辑点后，只需在【时间轴】面板中拖曳编辑点即可执行修剪。拖曳时，光标会根据编辑点变换相应的修剪类型。

> **技 巧**
>
> 使用选择工具，同时按住 Ctrl 键，可切换编辑工具。

2. 使用键盘快捷键

可以使用键盘快捷键进行修剪，如图 5-41 所示。

【向前修剪】：将编辑点向右移动一帧，键盘快捷键为 Ctrl+ →键。

【向后修剪】：将编辑点向左移动一帧，键盘快捷键为 Ctrl+ ←键。

【大幅向前修剪】：将编辑点向右移动五帧，键盘快捷键为 Ctrl+Shift+ →键。

【大幅向后修剪】：将编辑点向左移动五帧，键盘快捷键为 Ctrl+Shift+ ←键。

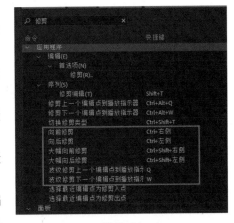

图 5-41

【波纹修剪上一个编辑点到播放指示器】：将上一个编辑点到【当前时间指示器】之间进行波纹修剪，类似于执行【提取】命令，键盘快捷键为 Q。

【波纹修剪下一个编辑点到播放指示器】：将下一个编辑点到【当前时间指示器】之间进行波纹修剪，类似于执行【提取】命令，键盘快捷键为 W。

【将所选编辑点扩展到播放指示器】：将最接近【当前时间指示器】的选定编辑点移动到【当前时间指示器】所在的位置，键盘快捷键为 E。

大幅修剪的偏移值可以在【首选项】对话框的【修剪】选项卡中进行修改，如图 5-42 所示。

图 5-42

3. 使用数字小键盘

选择编辑点后可以使用数字小键盘指定一个偏移数值，偏移数值会显示在【播放指示器位置】中，如图 5-43 所示。– 键可使编辑点向左修剪，+ 键可使编辑点向右修剪。向右修剪时，+ 键可省略，只需要输入数字。

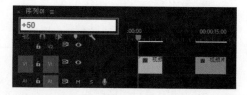

图 5-43

偏移数值一般都是较小的帧数，因此 1 ~ 99 中的任意数字都可视为帧数。如果要指定时间码，则可以使用 .(小数点) 键来分隔时间码中的"分 : 秒 : 帧"。输入偏移数值后，按下数字小键盘中的 Enter 键，即可执行修剪。

5.7.3 修剪模式

在修剪素材间隙的编辑点时，一般可以使用 3 种修剪模式，分别是"常规修剪""滚动修剪"和"波纹修剪"。在编辑点处按 Shift+T 键可进入【节目监视器】面板中的修剪模式。

★ 常规修剪：选择素材的编辑点修剪出入点。

★ 滚动修剪：改变素材编辑点的位置，同时相邻素材编辑点的位置也会变化。

★ 波纹修剪：改变素材编辑点的位置，同时相邻素材编辑点的出入点保持不变，只是素材在时间轴中的位置改变了。

5.7.4 常规修剪

使用【选择工具】█单击序列中素材的编辑点，选择修剪入点或修剪出点，如图 5-44 所示。选择素材最左侧并拖曳编辑点,即为"修剪入点"。选择素材最右侧并拖曳编辑点，即为"修剪出点"。"修剪入点"和"修剪出点"称为"常规

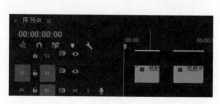

图 5-44

修剪"。按住 Ctrl 键的同时单击编辑点，则光标会显示【波纹编辑工具】或【滚动编辑工具】。按住 Shift 键可以同时加选多条轨道中的多个编辑点。

5.7.5 滚动修剪

滚动修剪可以修剪一个素材的入点和另一个素材的出点，有效移动素材之间的编辑点，同时保留其他素材的时间位置，并保持序列的总持续时间不变。滚动修剪可使用【滚动编辑工具】

执行滚动编辑时，编辑点的时间可以被前移，从而缩短了前一个素材的时间长度，延长了后一个素材的时间长度，并保持序列的持续时间不变。

执行滚动编辑时，按 Alt 键并拖曳，将只影响链接素材的视频或音频部分，如图 5-45 所示。

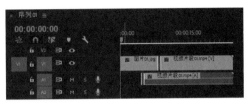
图 5-45

实践操作　滚动修剪

素材文件： 素材文件 / 第 05 章 / 图片 01.jpg、图片 02.jpg
案例文件： 案例文件 / 第 05 章 / 滚动修剪 .prproj
教学视频： 教学视频 / 第 05 章 / 滚动修剪 .mp4
技术要点： 掌握滚动修剪的方法。

STEP 1 将【项目】面板中的"图片 01.jpg"和"图片 02.jpg"素材文件拖曳至视频轨道【V1】上，如图 5-46 所示。

STEP 2 选择【工具】面板中的【滚动编辑工具】，并单击素材之间的编辑点，如图 5-47 所示。

图 5-46

图 5-47

STEP 3 将【当前时间指示器】移动到 00:00:03:00 位置，并执行菜单【序列】>【将所选编辑点扩展到播放指示器】命令，如图 5-48 所示。

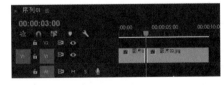
图 5-48

5.7.6 波纹修剪

波纹编辑可修剪素材并按修剪量来移动轨道中右侧的素材。波纹修剪可使用【波纹编辑工具】

通过【波纹修剪工具】缩短某个素材的时长，会使编辑点右侧的所有素材在【时间轴】面板中的位置向左移动。反之，通过【波纹修剪工具】延长某个素材的时长，会使编辑点右侧的所有素材在【时间轴】面板中的位置向右移动。

被编辑的素材时长发生改变，但相邻素材时长不变，所在序列时长变化。

执行波纹编辑时，按 Alt 键并拖曳，将忽略素材的音视频链接，如图 5-49 所示。

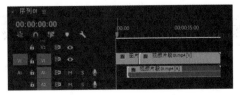
图 5-49

5.7.7 修剪模式界面

在对编辑点进行修剪编辑时，【节目监视器】处于修剪模式配置下的状态。

使用修剪工具选择编辑点后，执行菜单【序列】>【修剪编辑】命令，或双击编辑点后，即可进入修剪模式，如图 5-50 所示。

5.7.8 外滑编辑

外滑编辑可以通过一次操作将素材的入点和出点，向前或向后移动相同数量的帧。使用【外滑工具】可进行外滑编辑，更改操作素材，却不影响相邻素材。

图 5-50

在选中要进行外滑编辑的素材后，可以使用键盘快捷键进行外滑编辑。

* 要将素材向左外滑五帧，就按 Shift+Ctrl+Alt+ ←键。
* 要将素材向左外滑一帧，就按 Ctrl+Alt+ ←键。
* 要将素材向右外滑五帧，就按 Shift+Ctrl+Alt+ →键。
* 要将素材向右外滑一帧，就按 Ctrl+Alt+ →键。

5.7.9 内滑编辑

内滑编辑可在移动素材的同时修剪相邻素材以补偿移动点。使用【内滑工具】向左或向右拖曳素材时，前一个素材的出点和后一个素材的入点将按照该素材移动的帧数进行修剪，被操作素材保持不变。

在选中要进行内滑编辑的素材后，可以使用键盘快捷键进行内滑编辑。

* 要将素材向左内滑五帧，就按 Shift+Alt+，键。
* 要将素材向左内滑一帧，就按 Alt+，键。
* 要将素材向右内滑五帧，就按 Shift+Alt+. 键。
* 要将素材向右内滑一帧，就按 Alt+. 键。

5.7.10 比率拉伸

使用【比率拉伸工具】，可以在【时间轴】面板中快速更改素材的持续时间，同时更改素材的速度以适应持续时间，使用【比率拉伸工具】拖曳素材的任意一边边缘即可。素材被编辑后会在名称后显示编辑的速率，如图 5-51 所示。

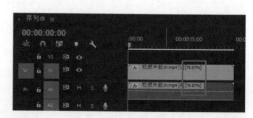

图 5-51

5.8 实训案例：视频剪辑

5.8.1 案例目的

素材文件：素材文件 / 第 05 章 / 视频片段 01.mp4 ~ 视频片段 06.mp4 和背景音乐 .mp3

案例文件：案例文件 / 第 05 章 / 视频剪辑 .prproj

教学视频：教学视频 / 第 05 章 / 视频剪辑 .mp4

技术要点：视频剪辑案例可以使用户加深理解【标记入点】【标记出点】【覆盖】【提取】和【仅拖动视频】命令，以及【源监视器】面板和【节目监视器】面板的功能。

5.8.2　案例思路

(1) 根据视频素材设置序列。

(2) 利用【标记入点】和【标记出点】功能剪辑素材。

(3) 在【源监视器】面板和【节目监视器】面板中裁剪素材。

(4) 利用【覆盖】【仅拖动视频】和【提取】命令编辑素材。

(5) 使用【滚动编辑工具】【选择工具】和【剃刀工具】等工具修剪素材。

5.8.3　制作步骤

1. 设置项目

STEP 1 新建项目，设置项目名称为"视频剪辑"。

STEP 2 创建序列。在【新建序列】对话框中，设置序列格式为【HDV】>【HDV 720p25】，设置【序列名称】为"视频剪辑"，如图 5-52 所示。

STEP 3 导入素材。将"视频片段 01.mp4"～"视频片段 06.mp4"和"背景音乐 .mp3"素材导入到项目中，如图 5-53 所示。

图 5-52

图 5-53

2. 剪辑素材一

STEP 1 将【项目】面板中的"视频片段 01.mp4"和"视频片段 02.mp4"素材，拖曳至序列中，如图 5-54 所示。

STEP 2 在【节目监视器】面板中，设置标记入点为 00:00:10:00，标记出点为 00:00:30:00，单击【提取】按钮，如图 5-55 所示。

图 5-54 图 5-55

STEP 3 将 "视频片段 03.mp4" 素材显示在【源监视器】面板中。设置标记入点为 00:00:02:00，标记出点为 00:00:11:24，单击【插入】按钮 ，将剪辑插入到序列的 00:00:10:00 位置，如图 5-56 所示。

STEP 4 将【当前时间指示器】移动到 00:00:30:00 位置，选择序列的出点，执行菜单【序列】>【将所选编辑点扩展到播放指示器】命令，如图 5-57 所示。

图5-56 图5-57

STEP 5 将 "视频片段 04.mp4" 素材显示在【源监视器】面板中。设置标记入点为 00:00:01:00，标记出点为 00:00:10:24。单击【仅拖动视频】图标 ，将剪辑素材拖曳至序列的【当前时间指示器】位置，如图 5-58 所示。

3. 剪辑素材二

STEP 1 将【项目】面板中的 "视频片段 05.mp4" 素材，拖曳至序列的出点位置，如图 5-59 所示。

STEP 2 单击【滚动编辑工具】 ，双击 00:00:40:00 位置的编辑点，如图 5-60 所示。

图 5-58

图 5-59 图 5-60

STEP 3 在【节目监视器】面板的修剪模式中，单击【大幅向前修剪】按钮，如图 5-61 所示。

STEP 4 将【项目】面板中的 "视频片段 06.mp4" 素材，拖曳至序列的出点位置，如图 5-62 所示。

STEP 5 单击【剃刀工具】 ，分别在 00:00:50:00 和 00:00:53:00 位置裁剪素材，如图 5-63 所示。

STEP 6 单击【选择工具】 ，选择 00:00:50:00 到 00:00:53:00 之间的素材，并执行右键菜单中的【波纹删除】命令，如图 5-64 所示。

STEP 7 将【项目】面板中的 "背景音乐 .mp3" 素材，拖曳至音频轨道【A1】上，如图 5-65 所示。

图 5-61

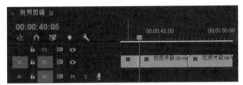

图 5-62

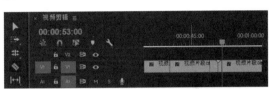

图 5-63

图 5-64

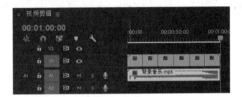

图 5-65

STEP 8 在音视频轨道的出点位置，执行右键菜单中的【应用默认过渡】命令，如图 5-66 所示。

STEP 9 在【节目监视器】面板中查看最终动画效果，如图 5-67 所示。

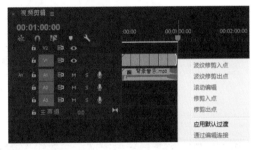

图 5-66

图 5-67

第6章

序列编辑

序列是素材编辑的主要操作载体，因此掌握序列的编辑技巧，可以提高项目制作效率。本章主要是对序列编辑进行详细介绍，使读者了解设置序列、更改序列、操作序列和渲染预览序列等的操作方法和技巧。

6.1 使用时间轴面板

在【项目】面板中，双击要打开的序列，即在【时间轴】面板中打开所选序列，如图6-1所示。在【时间轴】面板中可以打开一个或多个序列。也可将多个序列在不同的【时间轴】面板中打开。

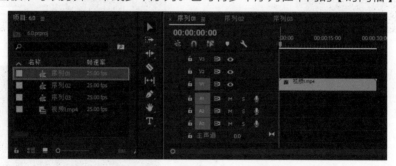

图6-1

6.2 时间轴面板控件

【时间轴】面板包含多个用于在序列的各帧之间移动操作的控件，如图6-2所示。

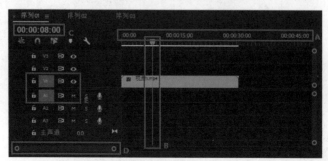

A、时间标尺，B、当前时间指示器，C、播放指示器位置，
D、缩放滚动条，E、源轨道指示器
图6-2

※ 参数详解

【时间标尺】：水平测量序列时间。指示序列时间的刻度线和数字沿标尺显示，并会根据用户查看序列的细节级别而变化。

【当前时间指示器】：又名【播放指示器】或【当前时间线指示器】等，表示【节目监视器】面板中显示的当前帧。【当前时间指示器】是【时间标尺】上的盾牌型图标，其垂直指示线一直延伸到【时间标尺】的底部。可以通过拖曳【当前时间指示器】更改当前时间。

【播放指示器位置】：又名【当前时间显示】，在【时间轴】面板中显示当前帧的时间码。

【缩放滚动条】：用于调整【时间轴】面板中【时间标尺】的可见区域。

【源轨道指示器】：用于显示【源监视器】面板中的素材要插入或覆盖的轨道。

技巧

在【播放指示器位置】上左右拖曳鼠标指针，拖曳距离越远，时间码变化越大。

6.2.1 使用缩放滚动条

将【缩放滚动条】扩展至最大宽度时，将显示【时间标尺】的整个持续时间。收缩【缩放滚动条】可将当前显示区域放大，从而显示更加详细的【时间标尺】视图。扩展和收缩【缩放滚动条】，均以【当前时间指示器】为中心。

将鼠标指针置于【缩放滚动条】上，然后滚动鼠标滚轮，可以扩展或收缩【缩放滚动条】。在【缩放滚动条】以外的区域滚动鼠标滚轮，可以移动【缩放滚动条】。

拖曳【缩放滚动条】的中心，可以改变【时间标尺】的显示区域，但不改变显示比例。在拖曳【缩放滚动条】时，【当前时间指示器】不会跟随移动。一般是先通过拖曳【缩放滚动条】改变【时间标尺】的显示区域，然后再在显示区域中单击，将【当前时间指示器】移动到当前区域。

6.2.2 将当前时间指示器移动至时间轴面板中

在【时间轴】面板中查看序列详细内容时，【当前时间指示器】经常不在显示区域中，通过以下方式可以将【当前时间指示器】快速移动至【时间轴】面板的显示区域中。

★ 在【时间标尺】中拖曳【当前时间指示器】，或者在【时间轴】面板的显示区域中单击。

★ 将鼠标指针置于【播放指示器位置】上，并拖曳鼠标指针即可。

★ 在【播放指示器位置】中输入当前区域的时间码即可。

★ 使用【节目监视器】面板中的播放控件。

★ 利用键盘上的左右方向键，可以将【当前时间指示器】向左或向右移动 1 帧，如果配合 Shift 键使用，则可移动 5 帧。

6.2.3 使用播放指示器位置移动当前时间指示器

在【播放指示器位置】中输入新的时间码，可以快速而又精准地将【当前时间指示器】移动到新时间码位置。在【播放指示器位置】中，使用一些技巧可以将【当前时间指示器】快速移动到想要的位置。

★ 直接输入数字。例如，在【播放指示器位置】中输入数字"123"，代表【当前时间指示器】会移动到时间码为 00:00:01:23 或 00;00;01;23 的位置上。

★ 输入正常值以外的值。例如，我国的 25 fps DV PAL 格式，如果当前时间为 00:00:01:23，若要向后移动 10 帧的话，可以在【播放指示器位置】中，将时间码更改为 00:00:01:33，则【当前时间指示器】会移动到 00:00:02:08 位置。

★ 使用加号 (+) 或减号 (-)。如果在数字前面有加号或减号，则表示【当前时间指示器】会向右或向左移动。例如，"+123"则表示将【当前时间指示器】向右移动 123 帧。

★ 添加句号。在数字前面添加一个句号，则表示精准的帧编号，而不是省略冒号和分号的时间码。例如，我国的 25 fps DV PAL 格式，在【播放指示器位置】中输入".123"，代表【当前时间指示器】会移动到时间码为 00:00:04:23 的位置上。

※ 知识补充

在时间码中分别使用冒号和分号将 PAL 项目和 NTSC 项目分开。例如，00:00:01:23 是对于 PAL 项目而言的，而 00;00;01;23 则是对于 NTSC 项目而言的。

> **提 示**
>
> 数值小于 100，表示帧编号。数值大于等于 100，则表示省略逗号和分号的时间码。例如，我国的 25 fps DV PAL 格式，"75"代表 00:00:03:00，而"321"代表 00:00:03:21。

6.2.4 设置序列开始时间

默认情况下，每个序列的时间标尺都是从 0 开始显示的，并根据【显示格式】显示指定的时间码格式测量时间。但用户可以根据需要，在【起始时间】对话框中修改序列的开始时间，如图 6-3 所示。有些动画或视频项目都是将第 1 帧作为起始帧，因此需要修改开始时间。

图 6-3

6.2.5 对齐素材边缘和标记

在【时间轴】面板中，当把【吸附】按钮激活时，【当前时间指示器】和素材就可以快速对齐到素材的边缘和标记的位置，如图 6-4 所示。

按住 Shift 键的同时拖曳【当前时间指示器】，则可以快速地将【当前时间指示器】移动到素材的边缘和标记的位置。

图 6-4

6.2.6 缩放查看序列

在【时间轴】面板中，快速缩放序列的显示区域，可以更为有效地从整体或局部的角度查看序列内容。通过以下方式可以在【时间轴】面板中放大或缩小序列。

★　使用键盘快捷键。激活【时间轴】面板后，按 - 键和 = 键，可以放大或缩小序列。按 - 键是缩小序列，按 = 键则是放大序列。

★　使用【缩放滚动条】。调整【缩放滚动条】控件，使【缩放滚动条】变宽或变窄，可以放大或缩小序列。

★　使用 Alt 键和鼠标滚轮。按住 Alt 键的同时再滚动鼠标滚轮，这样鼠标指针所在的位置就会放大或缩小了。

★　使用反斜线键 (\)。使用 \ 键可以将完整的序列显示在【时间轴】面板中。当再次按下 \ 键时，可以返回上一次显示的比例。

6.2.7　水平滚动序列

如果素材序列较长，许多素材就不会被显示出来。通过以下方式可以在【时间轴】面板中查看未显示的素材序列。

★　使用鼠标滚轮。滚动鼠标滚轮，就可水平滚动序列，查看未显示的序列。

★　使用键盘快捷键。按 Page Up 键或 Page Down 键，可以使序列显示区域向左或向右移动。

★　使用【缩放滚动条】。向左或向右拖曳【缩放滚动条】，可以使序列显示区域向左或向右移动。

6.2.8　垂直滚动序列

如果序列中存在多个视频轨道和音频轨道，这些轨道堆叠在【时间轴】面板中，使用【时间轴】面板中的滚动条可以调整显示区域。

拖曳滚动条或在滚动条上滚动鼠标滚轮，均可以改变显示序列的轨道。

| 6.3　轨道操作　　　Q

【时间轴】面板中有视频轨道和音频轨道，对这些轨道进行编辑操作，可以排列素材、编辑素材和添加特殊效果。根据需要可以添加或移除轨道、重新命名轨道以及进行其他轨道操作。

6.3.1　添加轨道

可以在轨道的头部，执行右键菜单中的【添加单个轨道】和【添加轨道】等命令，如图 6-5 所示。在弹出的【添加轨道】对话框中，可以设置添加轨道的类型、数量和位置等，如图 6-6 所示。

向序列中添加素材时，可以直接添加轨道。将素材直接拖曳至【时间轴】面板的空白处，就可以直接添加轨道。

> **提　示**
>
> 添加轨道时，如果序列中没有与媒体类型相对应的未锁定轨道，则会创建一条新轨道以接收相应素材。

图 6-5

图 6-6

提 示

　　音频素材只接收跟其匹配的轨道类型，因此需要注意素材的声音信息，在【轨道类型】中选择适合的类型，如图 6-10 所示。

6.3.2 删除轨道

　　根据需要可以同时删除一条或多条音视频轨道，或者删除音视频的空闲轨道。在轨道的头部，执行右键菜单中的【删除轨道】或者【删除单个轨道】命令，即可达到效果，如图 6-7 所示。

　　执行【删除单个轨道】命令可以直接删除当前的轨道。而执行【删除轨道】命令，则可以在【删除轨道】对话框中，设置删除轨道的类型和位置等，如图 6-8 所示。

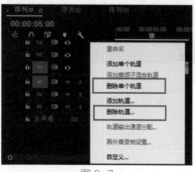

图 6-7

图 6-8

实践操作 **添加和删除轨道**

　　素材文件： 素材文件 / 第 06 章 / 图片 (1).jpg ～图片 (3).jpg

　　案例文件： 案例文件 / 第 06 章 / 添加和删除轨道 .prproj

　　教学视频： 教学视频 / 第 06 章 / 添加和删除轨道 .mp4

　　技术要点： 掌握添加和删除轨道的方法。

STEP 1 将【项目】面板中的"图片 (1).jpg"～"图片 (3).jpg"素材，依次拖曳至视频轨道【V3】上方的空白处，如图 6-9 所示。

STEP 2 在【时间轴】面板中的轨道头部，执行右键菜单中的【删除轨道】命令，如图 6-10 所示。

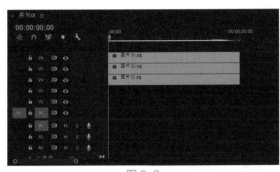

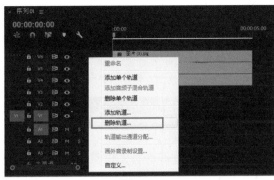

图 6-9　　　　　　　　　　　　　　图 6-10

STEP 3 在【删除轨道】对话框中，勾选【删除视频轨道】和【删除音频轨道】复选框，并在轨道类型中选择【所有空轨道】，如图 6-11 所示。

STEP 4 查看删除轨道后的效果，如图 6-12 所示。

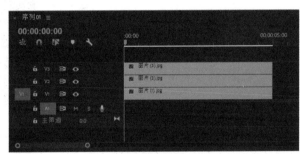

图 6-11　　　　　　　　　　　　　　图 6-12

6.3.3 重命名轨道

根据需要可以对轨道重新命名。首先要展开轨道，显示轨道名称，然后在轨道名称上执行右键菜单中的【重命名】命令即可，如图 6-13 所示。

6.3.4 同步锁定

启用【同步锁定】功能，指定当执行【插入】和【波纹删除】等命令时受影响的轨道。将【同步锁定】功能图标显示在【切换同步锁定】框中，则【同步锁定】功能被启用，如图 6-14 所示。

处于编辑状态的轨道，无论其【同步锁定】功能是否开启，轨道里被编辑的素材都会发生移动。但是其他轨道只有在【同步锁定】功能被启用时，才会移动素材内容。

例如，执行【插入】命令时，想将素材插入视频轨道【V1】中，其他轨道都受影响，只有视频轨道【V2】不受影响。则需要将所有轨道的【同步锁定】功能启用，只将视频轨道【V2】的【同步锁定】功能关闭即可。

图 6-13

图 6-14

技 巧

按住 Shift 键的同时单击【切换同步锁定】框，可以同时开启或关闭同一类型的所有轨道的【同步锁定】功能。

6.3.5 轨道锁定

通过锁定指定的轨道，可以防止该轨道序列的编辑内容被更改。将【轨道锁定】功能图标显示在【切换轨道锁定】框中，则【轨道锁定】功能被启用，锁定后的轨道会显示斜线图案，如图 6-15 所示。

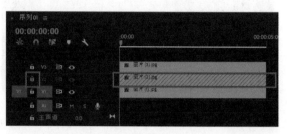

图 6-15

6.3.6 轨道输出

根据需要可以选择是否需要输出一条或多条音视频轨道的内容。在需要输出的视频轨道的【切换轨道输出】框中，显示图标；而在需要输出的音频轨道的【静音轨道】框中，静音图标是关闭的，如图 6-16 所示。

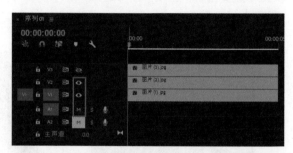

图 6-16

6.3.7 目标轨道

根据需要可以选择一条或多条音视频轨道作为目标轨道，目标轨道的轨道头部区域会高亮显示，如图 6-17 所示。将某一素材添加到序列时，可以指定一条或多条轨道为放置素材的轨道，即为目标轨道。可以将多条轨道设为目标轨道。

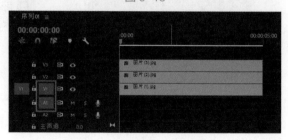

图 6-17

6.3.8 指派源视频

使用源轨道预设可以控制素材执行【插入】和【覆盖】操作的轨道。在轨道头部的右键菜单中，执行【分配源 V1】命令，即可预设源轨道，如图 6-18 所示。

Premiere Pro CC 将源指示器与目标轨道分离。对于【插入】和【覆盖】操作，可以使用源轨道指示器。对于【粘贴】和【匹配帧】及其他编辑操作，将使用轨道目标。

源轨道指示器为开启状态时，相应的轨道处于编辑操作状态。

源轨道指示器为黑色状态时，相应的轨道会出现一个间隙，不会放入源素材，如图 6-19 所示。

图 6-18

图 6-19

6.4　设置新序列

在项目中，用户可以根据制作要求和素材特点创建序列，以便进行操作和使用。

6.4.1　创建序列

创建预设序列时，可以执行菜单【文件】>【新建】>【序列】命令。或者在【项目】面板中执行右键菜单中的【新建项目】>【序列】命令，如图 6-20 所示。选择或设置好序列后，只需在【序列名称】处输入名称，单击【确定】按钮，即可完成序列创建。

如需根据指定素材创建新的序列，则可使用以下 3 种方法。

★ 选择指定素材，执行菜单【文件】>【新建】>【序列来自素材】命令。

★ 选择指定素材，执行右键菜单中的【由当前素材新建序列】命令。

★ 将素材拖曳至【项目】面板中的【新建项目】按钮上，如图 6-21 所示。

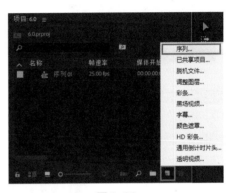

图 6-20

实践操作　创建序列

素材文件： 无

案例文件： 案例文件 / 第 06 章 / 创建序列 .prproj

教学视频： 教学视频 / 第 06 章 / 创建序列 .mp4

技术要点： 掌握创建序列的方法。

STEP 1 双击计算机桌面上的 Premiere Pro CC 图标，如图 6-22 所示。

STEP 2 在【开始】界面上单击【新建项目】按钮，如图 6-23 所示。

STEP 3 在【新建项目】对话框中，设置【名称】为"创建序列"，单击【确定】按钮，如图 6-24 所示。

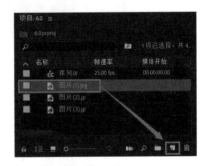

图 6-21

图 6-22

图 6-23

图 6-24

STEP 4 执行菜单【文件】>【新建】>【序列】命令。在【新建序列】对话框的【序列预设】选项卡中,查看【可用预设】列表,选择【HDV】文件夹下的【HDV 720p25】格式,单击【确定】按钮,如图 6-25 所示。

图 6-25

STEP 5 查看创建效果,如图 6-26 所示。

6.4.2 序列预设和设置

Premiere Pro CC 提供了大量的序列预设,这些预设都是常用的视频格式。用户可以从标准的序列预设中进行选择,或者自定义一组序列预设。

图 6-26

在创建序列时将会打开【新建序列】对话框。【新建序列】对话框包含 4 个选项卡，分别是
【序列预设】【设置】【轨道】和【VR 视频】，如图 6-27 所示。

创建的预设最好与素材属性相一致，这
样才会达到软件的最佳性能。需要了解的属
性参数有很多，例如录制格式、文件格式、
像素纵横比和时基等。

★ 录制格式 (如 DV 或 DVCPRO HD)

★ 文件格式 (如 AVI、MOV 或 VOB)

★ 帧长宽比 (如 16:9 或 4:3)

★ 像素长宽比 (如 1.0 或 0.9091)

★ 帧速率 (如 29.97 fps 或 23.976 fps)

★ 时基 (如 29.97 fps 或 23.976 fps)

★ 场 (如逐行或隔行)

★ 音频采样率 (如 32 Hz 或 48 Hz)

★ 视频编解码器

★ 音频编解码器

图 6-27

1. 序列预设选项卡

【序列预设】选项卡中包含【可用预设】和【预设描述】。在【可用预设】中包含很多典型的序
列类型。而【预设描述】是对所选预设序列类型的详细描述。

【序列预设】选项卡中包含许多常用的序列类型。例如，我国使用的 DV-PAL、北美使用的

DV-NTSC 以及现在比较流行的高清 HDV 等，如图 6-28 所示。

2. 设置选项卡

【设置】选项卡中包含序列的基本属性参数，如图 6-29 所示。

图 6-28

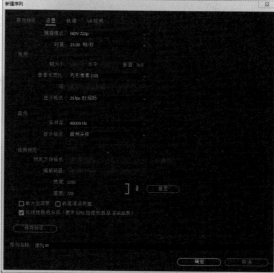

图 6-29

※ 参数详解

【编辑模式】：用于设置编辑和预览文件的视频格式。

【时基】：用于计算每个编辑点的时间位置的时分。与帧速率不同，但一般会设置为同一数值。

【帧大小】：以像素为单位，用于指定播放序列时帧的尺寸。

【像素长宽比】：用于为单个像素设置长宽比。

【场】：用于指定场的顺序，选择场模式。

【显示格式】(视频)：用于在多种时间码格式中选择显示格式。

【采样率】：用于选择播放序列音频时的速率。

【显示格式】(音频)：指定音频时间是以音频采样来显示还是以毫秒来显示。

【预览文件格式】：选择一种能在提供最佳预览品质的同时，将渲染时间和文件大小保持在系统允许的容限范围之内的文件格式。对于某些编辑模式，只提供了一种文件格式。

【编解码器】：指定用于为序列创建预览文件的编解码器。

【宽度】：指定视频预览的帧宽度，受源素材的像素长宽比限制。

【高度】：指定视频预览的帧高度，受源素材的像素长宽比限制。

【重置】：清除现有预览，并为所有后续预览指定尺寸。

【最大位深度】：使序列中视频的色彩位深度达到最大值。

【最高渲染质量】：当从大格式转为小格式，或从高清晰度转为标准清晰度格式时，保持锐化细节。

【保存预设】：保存当前设置。可以在其中命名、描述和保存序列设置。

3. 轨道选项卡

可以在【轨道】选项卡中设置新序列的视频轨道数量、音频轨道的数量和类型，如图 6-30 所示。

4. VR 视频选项卡

可以在【VR 视频】选项卡中设置 VR 视频属性，如图 6-31 所示。

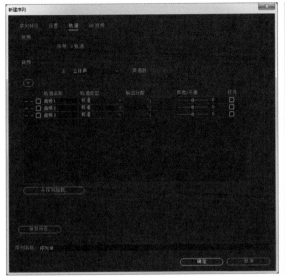

图 6-30

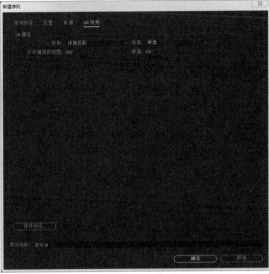

图 6-31

|6.5 打开序列

要打开序列，只需要在【项目】面板中双击该序列即可。

|6.6 序列中添加素材

将素材快速有效地添加到指定的序列中可以更好地提高制作效率，选择适合的方式方法尤为
重要。

6.6.1 添加素材到序列

将素材添加到序列中，有以下 4 种方法较为常用。

✦ 将素材从【项目】面板或【源监视器】面板中，拖曳至【时间轴】面板或【节目监视器】面
板中。

✦ 使用【源监视器】中的【插入】和【覆盖】按钮将素材添加到【时间轴】面板中，或者使用与
这些按钮相关的键盘快捷键。

✦ 在【项目】面板中将素材组合成序列，可以执行右键菜单中的【由当前素材新建序列】命令。

✦ 将来自【项目】面板、【源监视器】面板或【媒体浏览器】面板中的素材拖曳至【节目监视器】
面板中。

6.6.2 素材不匹配警告

将素材拖曳至一个新的序列中时，如果素材与序列
设置不匹配的话，将弹出【剪辑不匹配警告】对话框，
询问是否更改序列设置，如图 6-32 所示。

图 6-32

※ 参数详解

【更改序列设置】： 单击此按钮，序列设置会根据素材而改变，以匹配素材。

【保持现有设置】： 单击此按钮，序列设置不会发生变化，保持现有的设置。

6.6.3 添加音视频链接素材

将带有音视频链接的素材添加到序列中，该素材的视频和音频组件会显示在相应的轨道中。

要将素材的视频和音频部分拖曳至特定的轨道上，就将该素材从【源监视器】面板或【项目】面板中拖曳至【时间轴】面板中。当该素材的视频部分位于所需的视频轨道之上时，单击并按住 Shift 键，继续向下拖曳并越过视频轨道与音轨之间的分隔条。当该素材的音频部分位于所需的音轨之上时，就松开鼠标并松开 Shift 键。

6.6.4 替换素材

可以将【时间轴】面板中的一个素材替换为来自【源监视器】面板或是【项目】面板中的另外一个素材，同时保留已经应用的原始剪辑效果。

实践操作 **替换素材**

素材文件： 素材文件 / 第 06 章 / 图片 (1).jpg ～图片 (4).jpg

案例文件： 案例文件 / 第 06 章 / 替换素材 .prproj

教学视频： 教学视频 / 第 06 章 / 替换素材 .mp4

技术要点： 掌握替换素材的方法。

STEP 1 将【项目】面板中的"图片 (1).jpg" ～
"图片 (3).jpg"素材文件拖曳至视频轨道【V1】上，
如图 6-33 所示。

图 6-33

STEP 2 先在【项目】面板中选择要替换的"图片
(4).jpg"素材文件，再在【时间轴】面板中选择"图片 (2).jpg"素材文件，执行右键菜单中的【使用剪辑替换】>【从素材箱】命令，如图 6-34 所示。

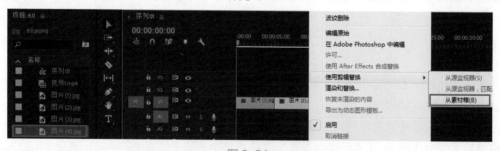

图 6-34

STEP 3 在【时间轴】面板中查看替换后的效果，如图 6-35 所示。

图 6-35

6.6.5　嵌套序列

嵌套序列只需要将【项目】面板或【源监视器】面板中的某个序列，拖曳至新序列的相应轨道上即可。或者选择要嵌套的素材，执行菜单【剪辑】>【嵌套】命令。

嵌套序列将显示为单一的音视频链接的素材，即使嵌套序列的源序列包含多条视频和音频轨道。嵌套序列如同其他素材一样，可以被编辑操作和应用效果。

实践操作　嵌套序列

素材文件: 素材文件 / 第 06 章 / 图片 (1).jpg ~ 图片 (4).jpg
案例文件: 案例文件 / 第 06 章 / 嵌套序列 .prproj
教学视频: 教学视频 / 第 06 章 / 嵌套序列 .mp4
技术要点: 掌握使用嵌套序列的方法。

STEP 1 将【项目】面板中的"图片 (1).jpg"~"图片 (3).jpg"素材文件拖曳至视频轨道【V1】上，如图 6-36 所示。

STEP 2 选择序列中的全部素材文件，并执行右键菜单中的【嵌套】命令，如图 6-37 所示。

图 6-36　　　　　　　　图 6-37

STEP 3 将"嵌套序列 01"素材文件上移至视频轨道【V2】上，将"图片 (4).jpg"素材文件拖曳至视频轨道【V1】上，并将出入点与"嵌套序列 01"素材文件对齐，如图 6-38 所示。

STEP 4 激活"嵌套序列 01"素材文件的【效果控件】面板,设置【缩放】为 36.0,如图 6-39 所示。

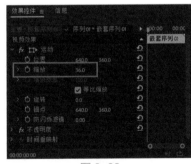

图 6-38　　　　　　　　图 6-39

STEP 5 在【节目监视器】面板中查看最终动画效果，如图 6-40 所示。

图 6-40

| 6.7 在序列中排列素材

在序列中可以进行移动、复制、粘贴和删除素材等编辑操作，使序列中的素材排列组合成理想的状态。

6.7.1 选择素材

在对素材进行操作之前需要选择被操作的素材，而【工具】面板中的【选择工具】▶，就可以处理各种选择任务。

★ 选择单个素材。使用【选择工具】单击相应的素材即可。

★ 只选择带有音视频链接素材的音频或视频部分。按住 Alt 键，同时选择带有音视频链接素材的音频或视频部分即可。

★ 通过单击选择多个素材。按住 Shift 键，并依次单击要选择的多个素材即可。

★ 选择某一范围的素材。在【时间标尺】下方的空白序列区域中单击，然后拖曳一个矩形选框，并将要选择的素材部分框选在内即可。

★ 在当前选择中添加或减少某一范围的素材。按住 Shift 键，框选未选择的素材，则素材被添加。如果按住 Shift 键，框选已经被选择的素材，则素材就处于未选择状态。

6.7.2 移动素材

在序列中，可以通过移动素材的位置、更改前后顺序重新排列素材，以达到想要的效果。

1. 在轨道中移动素材

在【时间轴】面板中移动素材，素材会呈现半透明状，并且会显示移动的时间量，如图 6-41 所示。如果将素材向左侧移动，则显示为负数。如果将素材向右侧移动，则显示为正数。

如果在按住 Ctrl 键的同时拖曳素材，则可以将素材插入其中。

图 6-41

如果在按住 Alt 键的同时拖曳带有音视频链接素材的视频或音频部分，拖曳后不再按 Alt 键，则带有音视频链接素材的视频或音频部分会被单独移动。

2. 在轨道间移动素材

将素材的音频部分或视频部分向上或向下拖曳至所需的轨道中，仅需拖曳的素材部分移入新轨道中即可。

移动音频素材时，可以将其放入下一条兼容轨道中，或者创建一条新轨道。

3. 使用数字键盘移动素材

可以通过数字键盘输入移动的帧数，从而更改素材在轨道中的位置。

实践操作 **使用数字键盘移动素材**

素材文件: 素材文件 / 第 06 章 / 图片 (1).jpg ~ 图片 (3).jpg
案例文件: 案例文件 / 第 06 章 / 使用数字键盘移动素材 .prproj

教学视频： 教学视频 / 第 06 章 / 使用数字键盘移动素材 .mp4

技术要点： 掌握使用数字键盘移动素材的方法。

STEP 1 将【项目】面板中的"图片 (1).jpg"~"图片 (3).jpg"素材文件拖曳至视频轨道【V1】上，并选择"图片 (2).jpg"素材文件，如图 6-42 所示。

STEP 2 打开数码锁定 Num Lock 键以直接使用数字键盘，输入"-50"，并按 Enter 键，同时，【播放指示器位置】也会有所显示，如图 6-43 所示。

图 6-42

STEP 3 在【时间轴】面板中查看素材移动后的效果，如图 6-44 所示。

图 6-43

图 6-44

6.7.3　裁切素材

在序列中，可以使用【剃刀工具】或执行【添加编辑点】命令将一段素材裁切成两段素材，或者同时跨多条轨道裁切。拆分后的素材为一个单独的新素材，是原始素材的完整副本，只是具有不同的出入点。下面介绍 4 种裁切素材的方法。

★ 拆分某单个素材或链接的素材。使用【剃刀工具】单击序列中要拆分的素材的编辑点即可。

★ 仅拆分链接素材的音频或视频部分。按住 Alt 键并使用【剃刀工具】即可，如图 6-45 所示。

★ 拆分目标轨道上的素材。将素材所在轨道设为目标轨道，然后将【当前时间指示器】移动到要拆分的素材的编辑点位置，执行菜单【序列】>【添加编辑点】命令即可。

图 6-45

★ 拆分除锁定轨道之外所有轨道上的素材。锁定不想被拆分素材的轨道，然后将【当前时间指示器】移动到要拆分的素材的编辑点位置，执行菜单【序列】>【添加编辑点到所有轨道】命令即可。

6.7.4　对齐素材

在【时间轴】面板中，当【吸附】按钮被激活时，素材可以很方便地与其他素材或特定的时间点对齐。当移动某个素材时，它会自动与另一素材的边缘、标记、时间标尺开始或结束时间或【当前时间指示器】对齐。

在拖曳时，对齐功能可以避免无意中执行插入、覆盖或编辑其他素材的错误操作。在拖曳素材时，会出现带箭头的垂直线，指示素材的对齐时间位置，如图 6-46 所示。

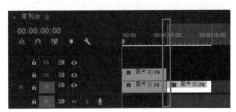

图 6-46

6.7.5 复制并粘贴素材

同其他软件一样，可以同时复制序列中一个或多个素材，然后将【当前时间指示器】移动到要粘贴素材的位置，粘贴素材副本。素材副本将粘贴或粘贴插入第一条目标轨道中，粘贴到【当前时间指示器】所在位置的右侧。粘贴后【当前时间指示器】会跳转到粘贴素材副本的出点位置。

按住 Alt 键并拖曳要复制的素材到一个新位置，则素材的副本就会被粘贴在此。

按住 Alt 键，然后选择并拖曳链接素材的音频或视频部分，则该素材音频或视频部分的副本就会被粘贴在新位置。

可以单击【节目监视器】面板中的【提升】或【提取】按钮，剪切素材片段，再执行【粘贴】命令将剪切的素材片段粘贴到轨道序列中。

6.7.6 删除素材

可以同时删除序列中的一个或多个素材，而不影响源素材。

如果要删除一条轨道中的所有素材，则可选中这些素材将其删除，或者直接将这条轨道删除。

如果仅删除链接素材的音频或视频部分，则需要按住 Alt 键，同时选择要删除的部分，然后进行删除即可。

6.7.7 删除素材间隙

删除素材之间的间隙时，间隙右侧所有轨道中的素材，都将根据间隙的持续时间而向左移动。在间隙处，可以执行右键菜单中的【波纹删除】命令或按 Delete 键删除素材之间的间隙，如图 6-47 所示。

重叠轨道中的素材也会在进行波纹删除操作时发生移动，如果不想被影响，可以关闭【同步锁定】功能，或者锁定轨道。

要在序列中查找间隙，可以执行菜单【序列】>【跳转间隔】中的命令，如图 6-48 所示。

※ 参数详解

【序列中下一段】：在所有轨道中查找【当前时间指示器】右侧的下一个间隙。

图 6-47

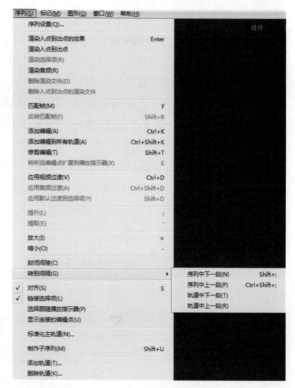

图 6-48

【序列中上一段】：在所有轨道中查找【当前时间指示器】左侧的下一个间隙。

【轨道中下一段】：在选定轨道上查找【当前时间指示器】右侧的下一个间隙。

【轨道中上一段】：在选定轨道上查找【当前时间指示器】左侧的下一个间隙。

6.8　在序列中编辑素材

在序列中，素材的右键菜单中包含许多常用的编辑操作命令，例如【启用】【编组】【解组】【帧定格】【速度 / 持续时间】【调整图层】和【重命名】等，如图 6-49 所示。也可以在菜单栏中找到这些编辑操作命令相对应的命令。这些命令强化了素材的编辑效果，使操作更便捷。

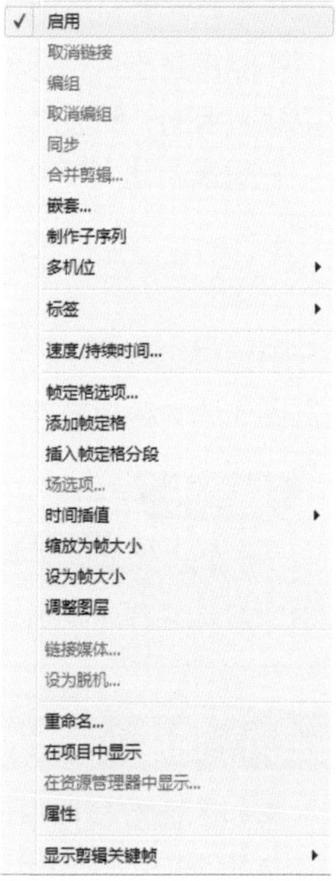

6.8.1　启用素材

启用素材就是正常显示使用的素材。不启用的素材文件显示为深色，如图 6-50 所示。不启用的素材文件不会显示在【节目监视器】面板、预览或导出的视频文件中。在处理复杂项目或编辑较大素材文件时，会影响软件操作或预览速度，因此可以暂时关掉部分素材文件的启用状态，以减轻软件压力、提高速度。

6.8.2　解除和链接

解除和链接是将音视频文件分成两个单独素材文件或组合成一个素材文件的操作，这样可以更方便地执行一些编辑操作。

1. 解除音视频链接

解除音视频链接就是将带有音视频链接的素材文件，拆分成一个音频文件和一个视频文件，将两个素材文件单独使用。要解除素材的音视频链接，就需要先选中带有音视频链接的素材，然后执行右键菜单中的【取消链接】命令。

2. 链接视频和音频

链接视频和音频就是将一个音频素材与一个视频素材链接在一起，组成一个带有音视频链接的素材文件。要链接音视频素材，就需要先选中要链接在一起的音频和视频素材文件，然后执行右键菜单中的【链接】命令。

链接在一起的音视频素材，在视频文件名称后面，会添加"[V]"符号，如图 6-51 所示。

图 6-49

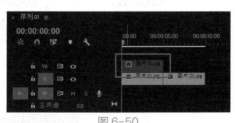

图 6-50

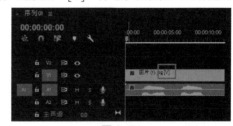

图 6-51

6.8.3　编组和解组

编组和解组就是将多个素材文件捆绑组合在一起或分开。编组和解组与解除和链接音视频有所不同，编组和解组是将多个素材文件组成一个组，多个素材文件还是单独的素材文件。而解除和链接音视频必须是将视频和音频素材文件进行一对一的单独操作。

1. 编组

编组将多个素材文件组合在一起，以便同时移动、禁用、复制或删除。如果将带有音视频链接的素材与其他素材编组在一起，该链接素材的音频和视频部分都将包含在内。

不能将基于素材的命令或效果应用到组，但可以从组中分别选择相应素材，然后再应用效果。可以修剪组的外侧边缘，但不能修剪任何内部入点和出点。

要对素材进行编组，就需要先选择要编组的多个素材文件，然后执行右键菜单中的【编组】命令。

2. 解组

解组将编组在一起的素材文件分开，以方便对组内的素材文件进行单独操作。想要解组素材组，就需要先选中编组文件，然后执行右键菜单中的【取消编组】命令。

> **技 巧**
>
> 要在一个素材组中选择一个或多个素材，就按住 Alt 键并单击组中的单个素材，按住 Shift+Alt 键可选择组中的其他素材。

6.8.4 速度 / 持续时间

素材的速度是指与录制速率相对比的播放速率。默认情况下，素材以正常的 100% 速度进行播放。

素材的持续时间是指从入点到出点播放的时间长度。素材有些时候需要通过加速或减速的方式填充持续时间。可以调整静止图像的持续时间，但不需要改变速度。

图 6-52

要更改素材的速度和持续时间，就需要先选择素材，然后执行右键菜单中的【速度 / 持续时间】命令。在弹出的【素材速度 / 持续时间】对话框中进行设置，如图 6-52 所示。

6.8.5 帧定格

【添加帧定格】命令就是捕捉视频素材中的当前帧，并将此帧之后的素材作为静止图像使用。

图 6-53

【帧定格选项】命令可以设置帧定格的位置，如图 6-53 所示。【定格滤镜】命令可以防止素材在持续时间内产生动画化效果。

【插入帧定格分段】命令可以将在【当前时间指示器】位置的素材拆分开，并插入一个两秒的冻结帧。

6.8.6 场选项

图 6-54

【场选项】命令可以对素材的场进行重新设置。要使用【场选项】功能，就需要先选中素材文件，然后执行右键菜单中的【场选项】命令。在【场选项】对话框中可以设置处理选项，如图 6-54 所示。

※ 参数详解

【交换场序】：更改素材场的播放顺序。

【无】：不应用任何处理选项。

【始终去隔行】：将隔行扫描场转换为非隔行扫描的逐行扫描帧。

【消除闪烁】：通过使两个场一起变得轻微模糊，防止图像水平细节出现闪烁。

6.8.7 时间插值

【时间插值】命令可以使具有停顿或跳帧的视频素材流畅播放。

6.8.8 缩放为帧大小

【缩放为帧大小】命令是自动缩放大小不一的素材的大小以匹配序列尺寸，在不发生扭曲的情况下重新缩放资源。

要使用【缩放为帧大小】功能，就需要先选中素材文件，然后执行右键菜单中的【缩放为帧大小】命令。

实践操作 | **缩放为帧大小**

素材文件： 素材文件 / 第 06 章 / 图片 (5).jpg

案例文件： 案例文件 / 第 06 章 / 缩放为帧大小 .prproj

教学视频： 教学视频 / 第 06 章 / 缩放为帧大小 .mp4

技术要点： 掌握使用【缩放为帧大小】命令的方法。

STEP 1 创建序列。在【新建序列】对话框中，设置序列格式为【HDV】>【HDV 720P25】，设置【序列名称】为"序列 01"，如图 6-55 所示。

图 6-55

STEP 2 将【项目】面板中的"图片 (5).jpg"素材文件拖曳至视频轨道【V1】上，并在【节目监视器】面板中查看效果，如图 6-56 所示。

STEP 3 选择视频轨道【V1】上的素材，并执行右键菜单中的【缩放为帧大小】命令。在【节目监视器】面板中查看效果，如图 6-57 所示。

图 6-56　　　　　　　　　　　　　　　图 6-57

6.8.9 调整图层

　　【调整图层】命令可以将同一效果应用到序列中的多个素材上。应用到调整图层的效果会影响图层堆叠顺序中位于其下的所有图层。要想使用【调整图层】功能，就需要先选中素材文件，然后执行右键菜单中的【调整图层】命令。

实践操作 **调整图层**

　　素材文件: 素材文件 / 第 06 章 / 图片 (1).jpg ～图片 (3).jpg

　　案例文件: 案例文件 / 第 06 章 / 调整图层 .prproj

　　教学视频: 教学视频 / 第 06 章 / 调整图层 .mp4

　　技术要点: 掌握调整图层的方法。

STEP 1 将【项目】面板中的"图片 (1).jpg"～"图片 (3).jpg"素材文件分别拖曳至视频轨道【V1】【V2】和【V3】上，如图 6-58 所示。

STEP 2 对【时间轴】面板中的素材分别执行右键菜单中的【速度 / 持续时间】命令，设置它们的持续时间。设置"图片 (1).jpg"和"图片 (3).jpg"的持续时间为 00:00:04:00，"图片 (2).jpg"的持续时间为 00:00:02:00，如图 6-59 所示。

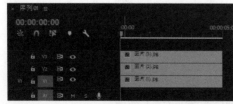

图 6-58　　　　　　　　　　　　　　　图 6-59

STEP 3 在【效果】面板中，选择【视频效果】>【扭曲】>【紊乱置换】效果，并添加在"图片 (3).jpg"的【效果控件】面板中，设置【数量】为 100.0，如图 6-60 所示。在【节目监视器】面板中查看播放效果。

STEP 4 在【时间轴】面板中，选择"图片 (3).jpg"，执行右键菜单中的【调整图层】命令，然后在

【节目监视器】面板中查看播放效果，如图 6-61 所示。

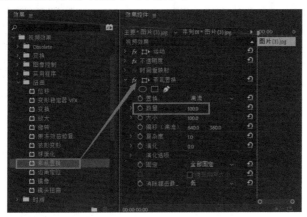

图 6-60

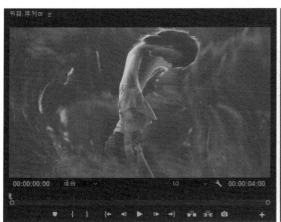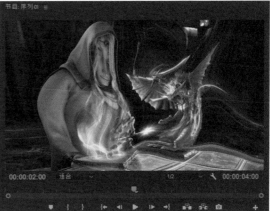

图 6-61

6.8.10 重命名

【重命名】命令可以对序列中使用的素材重新命名，以方便区别查找。要重新命名素材，就需要先选中素材文件，然后执行右键菜单中的【重命名】命令。

6.8.11 在项目中显示

【在项目中显示】命令就是查看序列中某个剪辑素材的源素材。在序列中选择要查看的剪辑素材，然后执行右键菜单中的【在项目中显示】命令，即可在【项目】面板中看到高亮显示的源素材。

6.9 渲染和预览序列

Premiere Pro CC 会尽可能地以全帧速率实时播放任意序列内容。Premiere Pro CC 一般会对不需要渲染或已经渲染预览文件的部分，实现全帧速率实时播放。对于没有预览文件的较为复杂的部分和未渲染的部分，会尽可能地实现全帧速率实时播放。

6.9.1 渲染栏标记

可以先渲染文件中较为复杂部分的预览文件，以实现全帧速率实时播放效果。Premiere Pro CC 会使用彩色渲染栏标记序列的未渲染部分，如图 6-62 所示。

图 6-62

✦ 红色渲染栏：表示必须在进行渲染之后，才能够实现以全帧速率实时播放的未渲染部分。

✦ 黄色渲染栏：表示无须进行渲染，即可以全帧速率实时播放的未渲染部分。

✦ 绿色渲染栏：表示已经渲染其关联预览文件的部分。

6.9.2 使用预览文件

预览文件可以以全帧速率实时播放序列内容，提前观看序列的制作效果，以方便进一步进行完善和修改。在导出最终视频文件时，可以使用预览文件已存储的预览效果，节省导出最终视频文件的时间，如图 6-63 所示。

图 6-63

6.9.3 删除预览文件

可以删除预览文件以节省磁盘空间，在【序列】菜单中选择删除相对应的预览文件即可。

| 6.10 实训案例：视频变速 🔍 ➡

6.10.1 案例目的

素材文件： 素材文件 / 第 06 章 / 视频 1.mp4、背景音乐 .mp3
案例文件： 案例文件 / 第 06 章 / 视频变速 .prproj
教学视频： 教学视频 / 第 06 章 / 视频变速 .mp4

技术要点：视频变速案例可以使用户加深理解【速度/持续时间】【波形删除】【取消链接】【插入】和【复制】命令。

6.10.2 案例思路

(1) 快速删除音视频链接素材的音频部分。

(2) 将视频素材文件裁切为多段。

(3) 利用【波形删除】【插入】和【复制】等命令调整素材片段之间的位置。

(4) 利用【速度/持续时间】命令，为素材片段添加变速效果。

6.10.3 制作步骤

1. 设置项目

STEP 1 打开 Premiere Pro CC 软件，在【开始】界面上单击【新建项目】按钮，如图 6-64 所示。

STEP 2 在【新建项目】对话框中，输入项目名称为"视频变速"，并设置项目存储位置，单机【确定】按钮，如图 6-65 所示。

图 6-64

图 6-65

STEP 3 执行菜单【文件】>【导入】命令，在【导入】对话框中选择案例素材，将其导入，如图 6-66 所示。

2. 设置时间轴序列

STEP 1 选择【项目】面板中的"视频 1.mp4"素材，执行右键菜单中的【从剪辑新建序列】命令，如图 6-67 所示。

STEP 2 删除音频。按住 Alt 键，同时选择音频部分，然后按 Delete 键即可，如图 6-68 所示。

图 6-66

图 6-67   图 6-68

STEP 3 在【时间轴】面板中轨道的头部，执行右键菜单中的【删除轨道】命令。在【删除轨道】对话框中，勾选【删除视频轨道】和【删除音频轨道】复选框，并在轨道类型中选择【所有空轨道】，如图 6-69 所示。

3. 设置快退播放

STEP 1 在【时间轴】面板的【播放指示器位置】中，输入数字键盘中的"1422"，使【当前时间指示器】移动到 00:00:14:22 位置。执行菜单【序列】>【添加编辑】命令，如图 6-70 所示。

图 6-69

STEP 2 使用【选择工具】，选择 00:00:14:22 位置右侧的素材，并执行右键菜单中的【波形删除】命令，如图 6-71 所示。

图 6-70

图 6-71

STEP 3 复制裁切后的素材。按住 Alt 键并拖曳左侧素材到【当前时间指示器】所在处，如图 6-72 所示。

STEP 4 激活【播放指示器位置】，输入数字键盘中的"+1221"，使【当前时间指示器】移动到 00:00:27:18 位置，按 Ctrl+K 键，如图 6-73 所示。

图 6-72

图 6-73

STEP 5 使用【选择工具】，选择 00:00:14:22 到 00:00:27:18 之间的素材，并执行右键菜单中的【波形删除】命令。

STEP 6 将两段素材互换位置。按住 Ctrl 键并拖曳后一个素材到前一个素材的入点位置，如图 6-74 所示。

STEP 7 选择 00:00:02:01 到 00:00:16:22 之间的素材，并执行右键菜单中的【速度/持续时间】命令。设置【速度】为 600%，勾选【倒放速度】复选框，并单击【确定】按钮，如图 6-75 所示。

图 6-74

图 6-75

4. 设置快进播放

STEP 1 将"视频 1.mp4"素材文件拖曳至视频轨道【V1】的出点位置，如图 6-76 所示。

STEP 2 删除素材音频部分。按住 Alt 键，同时选择音频部分，然后按 Delete 键即可。

STEP 3 将【当前时间指示器】分别移动到 00:00:06:18 和 00:00:23:19 位置，并执行菜单【序列】>【添加编辑】命令，如图 6-77 所示。

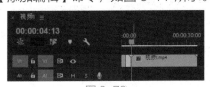
图 6-76

图 6-77

STEP 4 选择 00:00:06:18 到 00:00:23:19 之间的素材，并执行右键菜单中的【速度 / 持续时间】命令。设置【剪辑速度 / 持续时间】对话框中的【速度】为 600%，如图 6-78 所示。

STEP 5 在视频轨道【V1】上 00:00:09:14 到 00:00:23:19 之间的空白处，执行右键菜单中的【波形删除】命令，如图 6-79 所示。

图 6-78

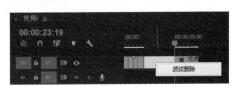
图 6-79

STEP 6 将【当前时间指示器】移动到 00:00:12:04 位置，执行菜单【序列】>【添加编辑】命令，并删除 00:00:12:04 位置右侧的素材，如图 6-80 所示。

STEP 7 将【项目】面板中的"背景音乐 .mp3"音频素材拖曳至序列中音频轨道【A1】上，如图 6-81 所示。

图 6-80

图 6-81

5. 查看最终效果

在【节目监视器】面板中查看最终动画效果，如图 6-82 所示。

图 6-82

为了使画面产生更加丰富的视觉变化效果，我们需要让素材运动起来，产生动画效果。在 Premiere Pro CC 软件中制作关键帧动画就是实现这一效果最有效的技术手段。素材的效果属性可以使素材产生变化，在不同的时间点设置参数变化，就可以使素材发生逐渐、平稳、有效的过渡变化，从而产生动画化效果。

7.1　动画化效果

动画化表示随着时间的变化而改变。一般情况下素材属性数值发生改变，素材就会产生变化。而在不同时间点设置不同的属性参数，素材就会随着时间点的变化逐渐过渡到下一个属性数值，这样的变化效果就叫动画化效果。

关键帧动画就是在关键的帧数上设置属性变化。要想产生关键帧动画效果，就必须满足两个条件。一是至少要有两个关键帧。二是关键帧的数值属性要有变化。只有当这两个条件同时满足时才会产生动画效果。而在几个关键帧之间的帧，其属性参数会按照一定的规律逐渐变化，从而保证了画面效果的流畅性，这一过程我们称之为补间动画。

7.2　创建关键帧

在【效果控件】面板或【时间轴】面板中，可以创建关键帧。【效果控件】面板中的【切换动画】按钮可以激活关键帧动画的制作功能。

在【效果控件】面板中，有些属性的【切换动画】按钮默认是开启状态。激活【切换动画】按钮，关键帧动画会显示，并可以产生变化。当【切换动画】按钮为开启状态时，属性数值发生改变则会产生自动关键帧。一般添加关键帧的方法有 3 种。

★　在【效果控件】面板中添加自动关键帧。激活【切换动画】按钮，修改数值即可。

★　在【效果控件】面板中手动添加关键帧。激活【切换动画】按钮，单击【添加 / 移除关键帧】按钮◆即可，如图 7-1 所示。

★　在【时间轴】面板中添加关键帧。设置轨道的显示为【显示视频关键帧】或【显示音频关键帧】，使用【钢笔工具】✎即可在素材上添加透明关键帧，如图 7-2 所示。

图 7-1

图 7-2

7.3 查看关键帧

7.3.1 在效果控件面板中查看关键帧

创建关键帧之后，可以在【效果控件】面板中查看关键帧，如图 7-3 所示。

◀: 表示转到上一关键帧，单击该按钮，可以直接转到左侧关键帧的时间点处。

▶: 表示转到下一关键帧，单击该按钮，可以直接转到右侧关键帧的时间点处。

◆: 表示添加 / 移除关键帧，单击该按钮，可以添加或删除关键帧。

◆: 表示【当前时间指示器】上有关键帧。

图 7-3

◇: 表示【当前时间指示器】上没有关键帧。

◀◇▶: 表示【当前时间指示器】前后都有关键帧。

◀◇▶: 表示【当前时间指示器】位置上有关键帧。

◀◇▶: 表示【当前时间指示器】后有关键帧。

◀◇▶: 表示【当前时间指示器】前有关键帧。

包含关键帧的属性效果，在折叠时都会显示为【摘要关键帧】●，仅可以作为参考显示，不可以操控。

在【效果控件】面板中，单击【显示 / 隐藏时间线视图】按钮 ，可以显示或隐藏关键帧的时间线视图，如图 7-4 所示。

图 7-4

7.3.2 在时间轴面板中查看关键帧

【时间轴】面板中的素材如果有关键帧，则可查看关键帧及其属性。将【时间轴】面板中的关键帧连接起来形成一个图表，可以显示关键帧的变化。调整关键帧会更改图标变化，如图 7-5 所示。

图 7-5

7.4 编辑关键帧

为素材添加关键帧后，就可以对素材进行编辑调整了，常用的编辑手段有选择、移动、复制、粘贴和删除等。

7.4.1 选择关键帧

使用【选择工具】▶，可以框选或点选关键帧。按住 Shift 键可以加选关键帧。

在 Premiere Pro CC 中，关键帧被选中后显示为深蓝色，而未被选中的关键帧为灰色状态，如图 7-6 所示。

图 7-6

7.4.2 移动关键帧

使用【选择工具】▶选择并拖曳关键帧，则可以改变所选关键帧的时间位置。

7.4.3 复制、粘贴关键帧

与大多数软件的复制粘贴功能一样。要对关键帧进行复制，首先选择关键帧，然后执行右键菜单中的【复制】命令即可。要粘贴关键帧，首先将【当前时间指示器】移动到所需要的时间位置，然后执行右键菜单中的【粘贴】命令即可。也可以按 Ctrl + C 键和 Ctrl + V 键。

同样也可以选择要复制的关键帧，按住 Alt 键，并按住鼠标左键拖曳关键帧到所需要的位置，即可完成复制关键帧的功能操作。

7.4.4 删除关键帧

如果不需要某个或某几个关键帧，则可以直接删除。

选择要删除的关键帧，然后按 Delete 键，或者执行右键菜单中的【清除】命令，即可完成删除关键帧的功能操作。

或者将【当前时间指示器】移动到关键帧上，然后单击【添加 / 移除关键帧】按钮◆，即可完成删除关键帧的功能操作。

7.5 关键帧插值

【关键帧插值】可以调整关键帧之间的补间数值变化，使数值变化速率产生匀速度或变速度的变化。

最常见的两种插值类型是线性插值和曲线插值。线性插值是创建从一个关键帧到另一个关键帧的匀速变化，其中的每个中间帧获得等量的变化值，使用线性插值创建的变化会突然起停，并在每一对关键帧之间匀速变化。曲线插值允许根据贝塞尔曲线的形状加快或减慢变化速率。例如，在第一个关键帧之后缓慢加速变化，然后缓慢的减速变化到第二个关键帧处。

7.5.1 空间插值

【空间插值】就是在【节目监视器】面板中调整素材运动轨迹路径。

实践操作 **空间插值**

素材文件： 素材文件 / 第 07 章 / 图片 01.jpg、图片 02.png

案例文件： 案例文件 / 第 07 章 / 空间插值 .prproj

教学视频： 教学视频 / 第 07 章 / 空间插值 .mp4

STEP 1 将【项目】面板中的"图片 01.jpg"和"图片 02.png"素材文件，分别拖曳至视频轨道【V1】和【V2】上，如图 7-7 所示。

图 7-7

STEP 2 选择【时间轴】面板中的"图片 02.png"素材文件。在【效果控件】面板中，将【当前时间指示器】移动到 00:00:00:05 位置，激活【位置】和【缩放】属性的【切换动画】按钮◙，设置【位置】为 (300.0,360.0),【缩放】为 50.0，如图 7-8 所示。

STEP 3 将【当前时间指示器】移动到 00:00:04:20 位置,设置【位置】为 (1000.0,200.0),【缩放】为 40.0，如图 7-9 所示。

图 7-8

图 7-9

STEP 4 激活【效果控件】面板中的运动属性图标 。在【节目监视器】面板中，调整关键帧曲线方向手柄，改变运动路径，如图 7-10 所示。

7.5.2 临时插值

通过更改关键帧之间的插值方式，可以更精确地控制动画的变化速率和效果。在关键帧右键菜单的【临时插值】选项中包含 7 个选项类型，分别是【线性】【贝塞尔曲线】【自动贝塞尔曲线】【连续贝塞尔曲线】【定格】【缓入】和【缓出】。

【线性】：关键帧之间的变化为直线匀速的平均过渡，关键帧显示为◆。

图 7-10

【贝塞尔曲线】：关键帧之间的变化为可调节的平滑曲线过渡，关键帧显示为▣。可以在关键帧的任意一侧手动调整图表的形状以及变化速率。

【自动贝塞尔曲线】：关键帧之间的变化为自动平滑的曲线过渡，关键帧显示为●。更改关键帧的值时，曲线方向手柄会变化，用于维持关键帧之间的平滑过渡。

【连续贝塞尔曲线】：关键帧之间的变化为连续平滑的曲线过渡，关键帧显示为■。在关键帧的一侧更改图表的形状时，关键帧另一侧的形状也相应变化以维持平滑过渡。

【定格】：关键帧之间的变化为阶梯形，保持关键帧状态，没有过渡，直接跳转到下一关键帧状态，关键帧显示为◀。

【缓入】：关键帧之间的变化为缓慢渐入的过渡，关键帧显示为■。

【缓出】：关键帧之间的变化为缓慢渐出的过渡，关键帧显示为■。

7.5.3 运动效果

在【节目监视器】面板中可以直接操控素材的效果。选中素材后，单击【效果控件】面板中的运动属性图标■■■■，此时【节目监视器】面板中就会显示手柄和锚点。

★ 将鼠标指针置于素材上方时，鼠标指针为选择指针↖，可以调整素材的位置。

★ 将鼠标指针置于素材锚点外侧时，鼠标指针为旋转指针↰，可以调整素材的旋转角度。

★ 将鼠标指针置于素材锚点时，鼠标指针为缩放指针↖↘，可以调整素材的缩放比例。按住 Shift 键可进行等比例缩放。

7.6 运动特效属性

添加到【时间轴】面板中的素材，在【效果控件】面板中都会显示预先应用或内置的固定效果。在【效果控件】面板中可以显示和调整素材的固定效果。

【效果控件】面板中的【运动】属性是视频素材最基本的固定效果属性，可对素材的位置、大小和旋转角度进行简单的调整，其中包含 5 个效果属性，分别是【位置】【缩放】【旋转】【锚点】和【防闪烁滤镜】，如图 7-11 所示。

图 7-11

7.6.1 位置

【位置】属性就是素材在屏幕中的空间位置，其属性数值表示素材中心点的坐标，如图 7-12 所示。

7.6.2 缩放

【缩放】属性就是素材在屏幕中的画面大小。默认状态为等比缩放，素材将会等比进行缩放变化。当关闭【等比缩放】选项后，【缩放高度】和【缩放宽度】属性自动开启，可分别调节素材的高度和宽度，如图 7-13 所示。

图 7-12

7.6.3 旋转

【旋转】属性就是素材以锚点为中心按角度进行旋转，顺时针旋转属性数值为正数，逆时针旋转属性数值为负数，如图 7-14 所示。可直接修改属性参数或者在【节目监视器】面板中旋转素材。

图 7-13

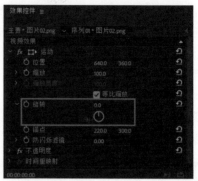

图 7-14

7.6.4 锚点

【锚点】属性就是素材变化的中心点。其属性发生变化会影响素材缩放和旋转的中心点。

7.6.5 防闪烁滤镜

【防闪烁滤镜】属性用于消除视频中的闪烁现象。显示在隔行扫描显示器上时，图像中的细线和锐利边缘有时会有闪烁现象。使用此功能可以减少甚至消除这种闪烁。

7.7 透明度与混合模式

在【效果控件】面板中，【不透明度】属性包括【不透明度】和【混合模式】两个设置，如图 7-15 所示。

7.7.1 不透明度

【不透明度】属性就是素材透明度显示的多少，属性数值越小，素材就越透明，如图 7-16 所示。

图 7-15

图 7-16

7.7.2 混合模式

【混合模式】属性是设置素材与其他素材混合的方式，就是将当前图层与下层图层文件相互混合、叠加或交互，通过图层素材之间的相互影响，使当前图层画面产生变化效果。图层混合模式分为普通模式组、变暗模式组、变亮模式组、对比模式组、比较模式组和颜色模式组，共 6 个组，27 种模式，如图 7-17 所示。

1. 普通模式组

普通模式组的混合效果就是通过当前图层素材与下层图层素材的不透明度变化而产生相应的变化效果。普通模式组包括【正常】和【溶解】两种模式。

正常：此混合模式为软件默认模式，根据 Alpha 通道调整图层素材的透明度，当图层素材不透明度为 100% 时，则遮挡下层素材的显示效果。正常模式的效果，如图 7-18 所示。

溶解：影响图层素材之间的融合显示，图层结果影像像素由基础颜色像素或混合颜色像素随机替换，显示取决于像素透明度的多少。当不透明度为 100% 时，则不显示下层素材影像。溶解模式的效果，如图 7-19 所示。

图 7-17

图 7-18

图 7-19

2. 变暗模式组

变暗模式组的主要作用就是使当前图层素材颜色整体加深变暗。包括【变暗】【相乘】【颜色加深】【线性加深】和【深色】5 种模式。

变暗： 当两个图层间的素材相混合时，查看并比较每个通道的颜色信息，选择基础颜色和混合颜色中较为偏暗的颜色作为结果颜色，用暗色替代亮色。变暗模式的效果，如图 7-20 所示。

图 7-20

相乘： 是一种减色模式，将基础颜色通道与混合颜色通道数值相乘，再除以像素位深度的最大值，具体结果取决于图层素材颜色深度。而颜色相乘后会得到一种更暗的效果。相乘模式的效果，如图 7-21 所示。

图 7-21

颜色加深： 用于查看并比较每个通道中的颜色信息，增加对比度使基础颜色变暗，结果颜色是混合颜色变暗而形成的。混合影像中的白色部分不发生变化。颜色加深模式的效果，如图 7-22 所示。

图 7-22

线性加深： 用于查看并比较每个通道中的颜色信息，通过减小亮度使基础颜色变暗，并反映混合颜色，混合影像中的白色部分不发生变化，比相乘模式产生的效果更暗。线性加深模式的效果，如图 7-23 所示。

图 7-23

深色: 与变暗模式相似,但深色模式不会比较素材间的生成颜色,只对素材进行比较,选取最小数值为结果颜色。深色模式的效果,如图 7-24 所示。

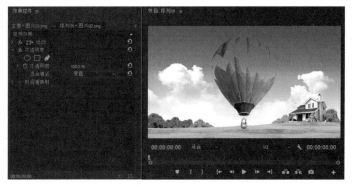

图 7-24

3. 变亮模式组

变亮模式组的主要作用就是使图层颜色整体变亮。包括【变亮】【滤色】【颜色减淡】【线性减淡(添加)】和【浅色】5 种模式。

变亮: 当两个图层间的素材相混合时,查看并比较每个通道的颜色信息,选择基础颜色和混合颜色中较为明亮的颜色作为结果颜色,用亮色替代暗色。变亮模式的效果,如图 7-25 所示。

图 7-25

滤色: 用于查看每个通道中的颜色信息,并将混合之后的颜色与基础颜色进行正片叠底。此效果类似于多个摄影幻灯片在彼此之上投影。滤色模式的效果,如图 7-26 所示。

图 7-26

颜色减淡: 用于查看并比较每个通道中的颜色信息,通过减小二者之间的对比度使基础颜色变亮以反映出混合颜色。混合影像中的黑色部分不发生变化。颜色减淡模式的效果,如图 7-27 所示。

图 7-27

线性减淡（添加）：用于查看并比较每个通道中的颜色信息，通过增加亮度使基础颜色变亮以反映混合颜色。混合影像中的黑色部分不发生变化。线性减淡（添加）模式效果，如图 7-28 所示。

图 7-28

浅色：与变亮模式相似，但浅色模式不会比较素材间的生成颜色，只对素材进行比较，选取最大数值为结果颜色。浅色模式的效果，如图 7-29 所示。

4. 对比模式组

对比模式组的混合效果就是将当前图层素材与下层图层素材的颜色亮度进行比较，查看灰度后，选择合适的模式叠加效果。包括【叠加】【柔光】【强光】【亮光】【线性光】【点光】和【强混合】7 种模式。

图 7-29

叠加：对当前图层的基础颜色进行正片叠底或滤色叠加，并保留当前图层素材的明暗对比。叠加模式的效果，如图 7-30 所示。

图 7-30

柔光：使结果颜色变暗或变亮，具体取决于混合颜色。与发散的聚光灯照在图像上的效果相似。如果混合颜色比 50% 灰色亮，则结果颜色变亮，反之则变暗。混合影像中的纯黑或纯白颜色，可以产生明显的变暗或变亮效果，但不能产生纯黑或纯白颜色效果。柔光模式的效果，如图 7-31 所示。

图 7-31

强光： 模拟强烈光线照在图像上的效果。该效果对颜色进行正片叠底或过滤，具体取决于混合颜色。如果混合颜色比 50% 灰色亮，则结果颜色变亮，反之则变暗。多用于添加高光或阴影效果。混合影像中的纯黑或纯白颜色，在素材混合后仍会产生纯黑或纯白颜色效果。强光模式的效果，如图 7-32 所示。

图 7-32

亮光： 通过增加或减小对比度来加深或减淡颜色，具体取决于混合颜色。如果混合颜色比 50% 灰色亮，则通过减小对比度使图像变亮，反之，则通过增加对比度使图像变暗。亮光模式的效果，如图 7-33 所示。

图 7-33

线性光： 通过减小或增加亮度来加深或减淡颜色，具体取决于混合颜色。如果混合颜色比 50% 灰色亮，则通过增加亮度使图像变亮，反之，则通过减小亮度使图像变暗。线性光模式的效果，如图 7-34 所示。

图 7-34

点光： 根据混合颜色替换颜色。如果混合颜色比 50% 灰色亮，则替换比混合颜色暗的像素，而不改变比混合颜色亮的像素。如果混合颜色比 50% 灰色暗，则替换比混合颜色亮的像素，而比混合颜色暗的像素保持不变。这对于向图像添加特殊效果非常有用。点光模式的效果，如图 7-35 所示。

图 7-35

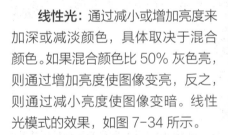

强混合: 将混合颜色的红色、绿色和蓝色通道值添加到基础颜色的 RGB 值中。计算通道结果，将所有像素更改为主要的纯颜色。强混合模式的效果，如图 7-36 所示。

图 7-36

5. 比较模式组

比较模式组的混合效果就是计算当前图层素材与下层图层素材的颜色数值之间的差异，形成新的效果。包括【差值】【排除】【相减】和【排除】4 种模式。

差值: 查看每个通道中的颜色信息，并从基础颜色中减去混合颜色，或从混合颜色中减去基础颜色，具体取决于哪个颜色的亮度值更高。与白色混合将反转基础颜色值; 与黑色混合则不产生变化。差值模式的效果，如图 7-37 所示。

图 7-37

排除: 与差值模式非常类似，只是对比度效果较弱。与白色混合将反转基础颜色值; 与黑色混合则不产生变化。排除模式的效果，如图 7-38 所示。

图 7-38

相减: 查看每个通道中的颜色信息，并从基础颜色中减去混合颜色。相减模式的效果，如图 7-39 所示。

图 7-39

相除： 将基础颜色与混合颜色相除，结果颜色是一种明亮的效果。任何颜色与黑色相除都会产生黑色，与白色相除都会产生白色。相除模式的效果，如图 7-40 所示。

图 7-40

6. 颜色模式组

颜色模式组的混合效果就是通过改变下层颜色的色彩属性从而产生不同的叠加效果。包括【色相】【饱和度】【颜色】和【发光度】4 种模式。

色相： 通过基础颜色的明亮度和饱和度，以及混合颜色的色相创建结果颜色。色相模式的效果，如图 7-41 所示。

图 7-41

饱和度： 通过基础颜色的明亮度和色相，以及混合颜色的饱和度创建结果颜色。饱和度模式的效果，如图 7-42 所示。

图 7-42

颜色： 通过基础颜色的明亮度，以及混合颜色的色相和饱和度创建结果颜色。颜色模式的效果，如图 7-43 所示。

图 7-43

　　发光度：通过基础颜色的色相和饱和度，以及混合颜色的明亮度创建结果颜色。发光度模式的效果，如图 7-44 所示。

图 7-44

7.8　时间重映射

　　【时间重映射】属性可设置素材时间变化的速度，使时间重置，调整播放速度的快慢，也可使素材播放出现静止或者倒退效果，如图 7-45 所示。

图 7-45

7.9　实训案例：运动动画

7.9.1　案例目的

　　素材文件： 素材文件 / 第 07 章 / 光盘 .png、光盘贴 .png、光盘盒 .png、光盘标题 .png

　　案例文件： 案例文件 / 第 07 章 / 运动动画 .prproj

　　教学视频： 教学视频 / 第 07 章 / 运动动画 .mp4

　　技术要点： 运动动画案例可以使用户加深理解素材【效果控件】面板中的【位置】【缩放】【旋转】【不透明度】和【混合模式】等属性特征。

7.9.2　案例思路

　　(1) 使用【混合模式】属性，为光盘添加光盘贴效果。

　　(2) 使用【位置】和【旋转】属性，制作素材关键帧动画，呈现光盘滚动到光盘盒中的效果。

　　(3) 使用【位置】和【缩放】属性，制作素材关键帧动画，将光盘盒放大居中。

　　(4) 使用【不透明度】【混合模式】属性和【垂直翻转】特效效果，制作光盘盒倒影效果。

　　(5) 设置【不透明度】属性动画，显现标题。

7.9.3 制作步骤

1. 设置项目

STEP 1 新建项目，设置项目名称为"运动动画"。

STEP 2 创建序列。在【新建序列】对话框中，设置序列格式为【HDV】>【HDV 720p25】，设置【序列名称】为"运动动画"。

STEP 3 导入素材。将"光盘 .png""光盘盒 .png""光盘贴 .png"和"光盘标题 .png"素材导入到项目中，如图 7-46 所示。

2. 设置素材

STEP 1 在【项目】面板中，执行右键菜单中的【新建项目】>【颜色遮罩】命令。设置【颜色遮罩】为 (70,100,150)，如图 7-47 所示。

STEP 2 将【项目】面板中的"颜色遮罩""光盘 .png""光盘贴 .png""光盘盒 .png"和"光盘标题 .png"素材文件，分别拖曳至视频轨道【V1】~【V5】上。

关闭视频轨道【V4】和【V5】的【切换轨道输出】按钮，如图 7-48 所示。

3. 设置光盘动画

STEP 1 激活视频轨道【V3】中"光盘贴 .png"素材的【效果控件】面板，设置【不透明度】的【混合模式】为"相乘"，如图 7-49 所示。

STEP 2 选择视频轨道【V2】和【V3】中的素材，执行右键菜单中的【嵌套】命令，如图 7-50 所示。

STEP 3 激活视频轨道【V2】中"嵌套序列 01"素材的【效果控件】面板，将【当前时间指示器】移动到 00:00:00:00 位置，设置【位置】为 (1400.0,360.0)，【缩放】为 50.0，【旋转】为 0.0°。

将【当前时间指示器】移动到 00:00:02:00 位置，设置【位置】为 (300.0,360.0)，【旋转】为 -1x-180.0°，【不透明度】为 100.0%；将【当前时间指示器】移动到 00:00:02:01 位置，设置【不透明度】为 0.0%，如图 7-51 所示。

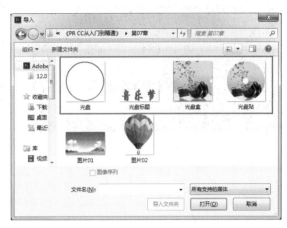

图 7-46

图 7-47

图 7-48

图 7-49

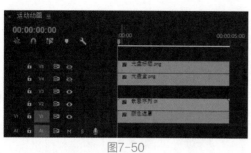

图7-50

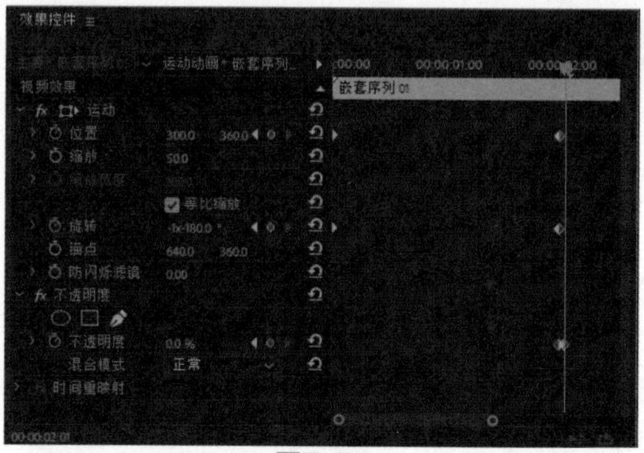

图7-51

4. 设置光盘盒动画

STEP 1 激活视频轨道【V4】的【切换轨道输出】按钮，并激活轨道中"光盘盒 .png"素材的【效果控件】面板。

将【当前时间指示器】移动到 00:00:02:05 位置，设置【位置】为 (300.0,360.0)，【缩放】为 40.0; 将【当前时间指示器】移动到 00:00:03:00 位置，设置【位置】为 (640.0,360.0)，【缩放】为 80.0，如图 7-52 所示。

STEP 2 复制素材。按住 Alt 键并将视频轨道【V4】中的素材拖曳至视频轨道【V3】中，如图 7-53 所示。

图 7-52

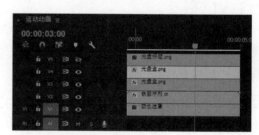

图 7-53

STEP 3 激活视频轨道【V3】中"光盘盒 .png"素材的【效果控件】面板，将【当前时间指示器】移动到 00:00:02:05 位置，设置【位置】为 (300.0,600.0)，【混合模式】为"线性加深"；将【当前时间指示器】移动到 00:00:03:00 位置，设置【位置】为 (640.0,835.0)，如图 7-54 所示。

STEP 4 选择视频轨道【V3】中的"光盘盒 .png"素材，然后双击【效果】面板中的【视频效果】>【变换】>【垂直翻转】视频效果，如图 7-55 所示。

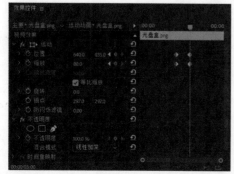

图 7-54

图 7-55

5. 设置光盘标题动画

STEP 1 激活视频轨道【V5】的【切换轨道输出】按钮，并激活轨道中"光盘标题.png"素材的【效果控件】面板。将【当前时间指示器】移动到00:00:03:00 位置,设置【位置】为 (640.0,280.0),【不透明度】为 0.0%；将【当前时间指示器】移动到 00:00:03:10 位置，设置【不透明度】为100.0%，如图 7-56 所示。

STEP 2 在【节目监视器】面板中查看最终动画效果，如图 7-57 所示。

图 7-56

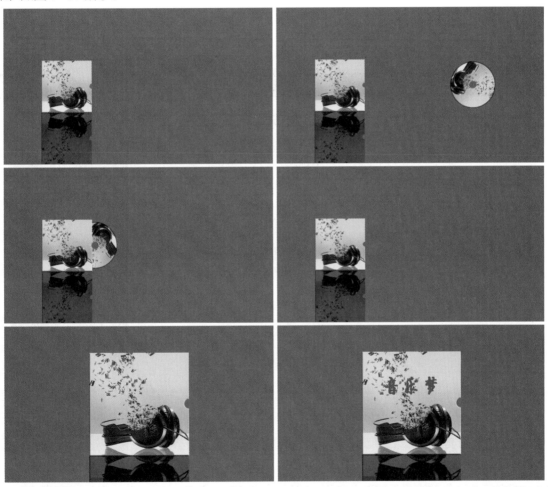

图 7-57

第8章

视频效果

为视频添加特效就是对视频素材进行再次处理，使画面达到制作需求。使用视频效果可以改变视频的画面效果。在 Adobe Premiere Pro CC 中一些常用的视频效果被单独设立在预设文件夹中，以方便使用。掌握各种视频效果，可以方便快捷地制作出各种特殊的画面效果。

8.1 视频效果概述

Adobe Premiere Pro CC 中提供了大量的视频效果，这些效果的制作方法与思路和 Adobe Photoshop CC 效果的制作方法与思路类似。Premiere Pro CC 与 Photoshop CC 都为 Adobe 公司旗下的主流软件，所以功能及操作很相似，这也促进了它们兼容性的提升，但有所不同的是，Photoshop CC 是对图像进行效果处理，而 Premiere Pro CC 主要是对动态视频影像进行效果化处理，一个素材是静态的，一个素材是动态的。

Premiere Pro CC 中提供的视频效果特效和视频过渡特效，在应用方式上也有所不同。前者是对单个视频素材进行效果变化处理，后者是对两个视频素材之间的过渡效果进行处理。

Premiere Pro CC 中包含几十种特效，根据它们的类型特点，分别放置在【视频效果】【预设】和【Lumetri 预设】三个大类型文件夹中。其中【视频效果】文件夹中包含主要的视频效果，拥有 19 个子类型文件夹。这 19 个文件夹的分类分别是【Obsolete】【变换】【图像控制】【实用程序】【扭曲】【时间】【杂色与颗粒】【模糊与锐化】【沉浸式视频】【生成】【视频】【调整】【过时】【过渡】【透视】【通道】【键控】【颜色校正】和【风格化】，如图 8-1 所示。这些效果可使视频画面产生特殊的效果，以达到制作需求。

图 8-1

8.2 编辑视频效果

素材的所有特效都会在【效果控件】面板中显示，并且【效果控件】面板也是对素材特效进行编辑和操作的主要操作区域。在【效果控件】面板中，可以添加效果、查看效果、编辑效果和移除效果。

8.2.1 添加视频效果

添加视频效果后，就可以对素材进行特殊化处理。常用的添加视频效果的方法有 3 种。

★ 将选中的视频效果拖曳至序列中的素材上。

★ 将选中的视频效果拖曳至素材的【效果控件】面板中。

★ 选中素材后双击需要的视频效果。

实践操作 添加视频效果

素材文件： 素材文件 / 第 08 章 / 图片 (1).jpg

案例文件： 案例文件 / 第 08 章 / 添加视频效果 .prproj

教学视频： 教学视频 / 第 08 章 / 添加视频效果 .mp4

技术要点： 掌握添加视频效果的方法。

STEP 1 将【项目】面板中的"图片 (1).jpg"素材文件拖曳至视频轨道【V1】上，将【效果】面板中的【垂直翻转】效果拖曳至【时间轴】面板中的"图片 (1).jpg"素材文件上，如图 8-2 所示。

STEP 2 将【水平翻转】效果拖曳至【效果控件】面板中，如图 8-3 所示。

STEP 3 激活序列中的"图片 (1).jpg"素材后，双击【羽化边缘】效果，在【效果控件】面板中查看效果，如图 8-4 所示。

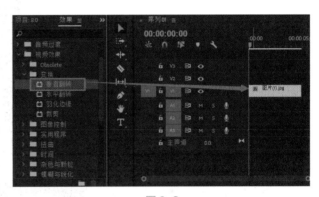

图 8-2

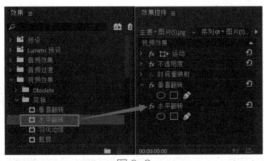

图 8-3

图 8-4

8.2.2 修改视频效果

添加视频效果后，可以更改属性数值以达到所需的效果，调整效果的操作方式如下。

★ 直接输入数值。单击效果的属性数值，输入新的数值，然后按 Enter 键即可。

★ 滑动修改。将鼠标指针悬停于数值上方，然后左右拖曳即可。

★ 使用滑块。展开属性，然后拖曳滑块或角度控件即可。

★ 使用吸管工具。有些属性可以使用吸管工具设置颜色值。吸管工具将会采集一个 5 x 5 像素区域的颜色值。

★ 使用拾色器。有些属性可以使用 Adobe 拾色器设置颜色值。

★ 恢复默认设置。单击属性旁的【重置】按钮，则会将效果的属性重置为默认设置。

实践操作 修改视频效果

素材文件： 素材文件 / 第 08 章 / 图片 (1).jpg

案例文件： 案例文件 / 第 08 章 / 修改视频效果 .prproj

教学视频： 教学视频 / 第 08 章 / 修改视频效果 .mp4

技术要点： 掌握修改视频效果的方法。

STEP 1 将【项目】面板中的"图片 (1).jpg"素材，拖曳至视频轨道【V1】上，如图 8-5 所示。

STEP 2 将【效果】面板中的【颜色替换】效果拖曳至"图片 (1).jpg"素材的【效果控件】面板中，如图 8-6 所示。

图 8-5

图 8-6

STEP 3 使用【目标颜色】的吸管工具吸取背景颜色，使用【替换颜色】的拾色器将颜色更改为黄色，如图 8-7 所示。

图 8-7

STEP 4 将鼠标指针悬停在【相似性】数值上方，进行拖曳，将数值更改为 4，并勾选【纯色】复选框，查看源素材蓝色部分的效果，如图 8-8 所示。

图 8-8

8.2.3　效果属性动画

效果的属性数值发生改变就可以产生动画效果。可以通过修改属性数值添加关键帧动画，使其产生更加丰富的变化效果。

8.2.4　复制视频效果

可以将一个素材添加的视频效果复制到另一个素材上，保持参数不变。也可以将视频效果继续复制到其本身素材上，添加多个相同的视频效果。

实践操作　复制效果

素材文件： 素材文件 / 第 08 章 / 图片 (1).jpg、图片 (2).jpg
案例文件： 案例文件 / 第 08 章 / 复制效果 .prproj
教学视频： 教学视频 / 第 08 章 / 复制效果 .mp4
技术要点： 掌握复制效果的方法。

STEP 1 将【项目】面板中的"图片 (1).jpg"和"图片 (2).jpg"素材拖曳至视频轨道【V1】上，如图 8-9 所示。

STEP 2 在【效果】面板的搜索栏中输入"高斯模糊"。选中【时间轴】面板中的"图片 (1).jpg"素材后，双击【高斯模糊】效果，如图 8-10 所示。

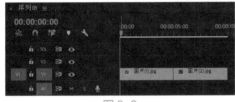

图 8-9

图 8-10

STEP 3 在【效果控件】面板中，设置【高斯模糊】效果的【模糊度】为 20.0，并在【节目监视器】面板中查看效果，如图 8-11 所示。

STEP 4 在【效果控件】面板中，选择【高斯模糊】效果，并执行右键菜单中的【复制】命令，如图 8-12 所示。

图 8-11

图 8-12

STEP 5 然后执行两次【粘贴】命令，并在【效果控件】面板和【节目监视器】面板中查看效果，如图 8-13 所示。

图 8-13

STEP 6 激活"图片 (2).jpg"素材的【效果控件】面板，并执行【粘贴】命令。然后在【效果控件】面板和【节目监视器】面板中查看效果，如图 8-14 所示。

图 8-14

8.2.5 移除视频效果

可以将不需要的视频效果移除。在【效果控件】面板中，选择一个或多个效果，执行右键菜单中的【清除】命令，或直接按 Delete 键即可。

8.2.6 切换效果开关

单击【切换效果开关】按钮 *fx*，可以很方便地对比和使用前后的效果。【切换效果开关】按钮在效果名称的左侧，如图 8-15 所示。

图 8-15

8.3 Obsolete 类视频效果

Obsolete 类视频效果文件夹中只有【快速模糊】效果，如图 8-16 所示。【快速模糊】效果可以使素材快速产生定向模糊的效果，如图 8-17 所示。

图 8-16

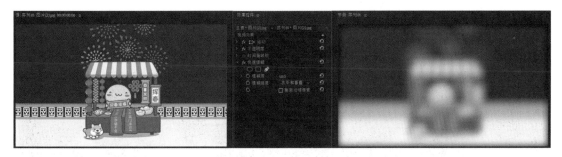

图 8-17

8.4 变换类视频效果

变换视频效果可以使图像在虚拟的二维和三维空间中产生空间变化效果，可以使视频素材产生翻转、裁剪和滚动等效果。【变换】文件夹中包含 4 个视频效果，分别是【垂直翻转】【水平翻转】【羽化边缘】和【裁剪】，如图 8-18 所示。

8.4.1 垂直翻转

【垂直翻转】效果可以使素材以中心为轴，垂直方向上下颠倒，进行180° 翻转，如图 8-19 所示。

图 8-18

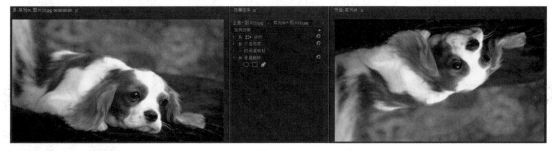

图 8-19

8.4.2 水平翻转

【水平翻转】效果可以使素材以中心为轴，水平方向左右颠倒，进行 180° 翻转，如图 8-20所示。

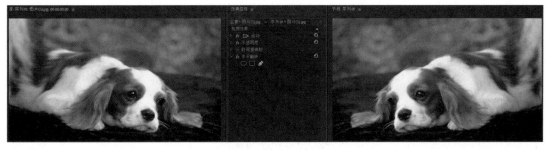

图 8-20

8.4.3 羽化边缘

【羽化边缘】效果可以使素材的边缘周围产生柔化的效果，如图 8-21 所示。

图 8-21

8.4.4 裁剪

【裁剪】效果可以重新调整素材尺寸大小，裁剪其边缘，如图 8-22 所示。设置该效果的属性参数，裁剪边缘大小。裁掉的部分将会显露出下层轨道上的素材或背景色。

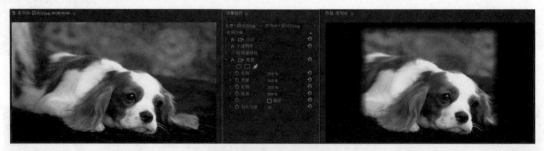

图 8-22

8.5 图像控制类视频效果

图像控制类视频效果主要是对素材的颜色进行调整。【图像控制】文件夹中包含 5 个视频效果，分别是【灰度系数校正】【颜色平衡 (RGB)】【颜色替换】【颜色过滤】和【黑白】，如图 8-23 所示。

图 8-23

8.5.1 灰度系数校正

【灰度系数校正】效果可以在不改变素材高亮和低亮色彩区域的基础上，对素材中间亮度的灰色区域进行调整，使其偏亮或偏暗，如图 8-24 所示。

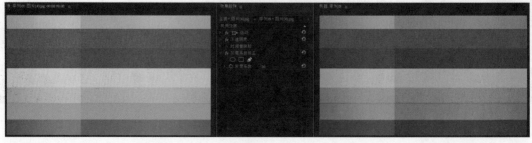

图 8-24

8.5.2 颜色平衡 (RGB)

【颜色平衡 (RBG)】效果可以根据 RGB 色彩原理调整或者改变素材色彩，如图 8-25 所示。

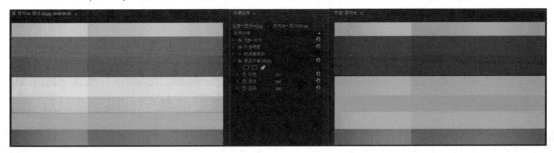

图 8-25

8.5.3 颜色替换

【颜色替换】效果可以在不改变素材明度的情况下，将一种色彩或一定区域内的色彩替换为其他颜色，如图 8-26 所示。

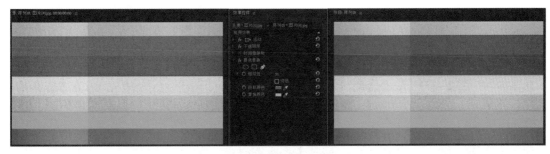

图 8-26

8.5.4 颜色过滤

【颜色过滤】效果可以将素材中没有选中的颜色区域逐渐调整为灰度模式，去掉其色相和纯度，如图 8-27 所示。

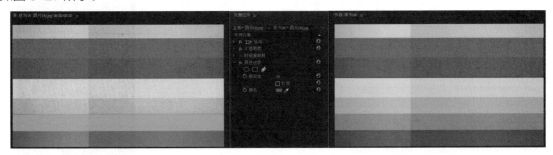

图 8-27

8.5.5 黑白

【黑白】效果可以将素材转换为没有色彩的灰度模式，如图 8-28 所示。

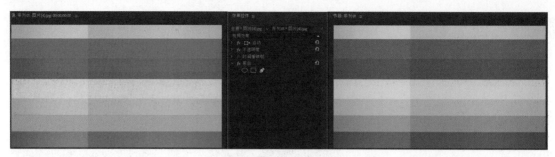

图 8-28

8.6 实用程序类视频效果

实用程序类视频效果文件夹中只有【Cineon 转换器】效果，如图 8-29 所示。该效果可以对 Cineon 文件中的颜色进行调整，如图 8-30 所示。

图 8-29

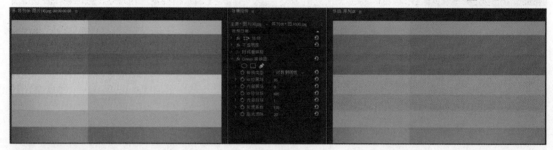

图 8-30

8.7 扭曲类视频效果

扭曲类视频效果主要是对素材进行几何形体的变形处理。【扭曲】文件夹中包含 12 个视频效果，分别是【位移】【变换稳定器 VFX】【变换】【放大】【旋转】【果冻效应修复】【波形变形】【球面化】【紊乱置换】【边角定位】【镜像】和【镜头扭曲】，如图 8-31 所示。

8.7.1 位移

【位移】效果可以使素材在垂直和水平方向上偏移，而移出的图像会从另一侧显示出来，如图 8-32 所示。

8.7.2 变形稳定器 VFX

【变形稳定器 VFX】效果可消除因摄像机移动造成对素材的抖动，从而可将摇晃的手持素材转变为稳定、流畅的拍摄内容，如图 8-33 所示。

图 8-31

图 8-32

图 8-33

8.7.3 变换

【变换】效果可以对素材基本属性进行调整，包括对【位移】【缩放】和【不透明度】等属性的综合调整，如图 8-34 所示。

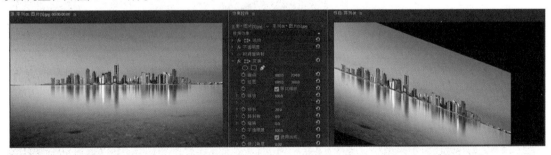

图 8-34

8.7.4 放大

【放大】效果可以使素材的整体或者指定区域产生放大的效果，如图 8-35 所示。

图 8-35

8.7.5 旋转

【旋转】效果可以使素材产生扭曲旋转的效果，如图 8-36 所示。【角度】属性可以调节旋转的角度度数。

图 8-36

8.7.6 果冻效应修复

【果冻效应修复】效果可以设置素材的场序类型，从而得到需要的匹配效果，或者得到降低各种扫描视频素材的画面闪烁的效果，如图 8-37 所示。

图 8-37

8.7.7 波形变形

【波形变形】效果可以使素材产生波浪的效果，如图 8-38 所示。

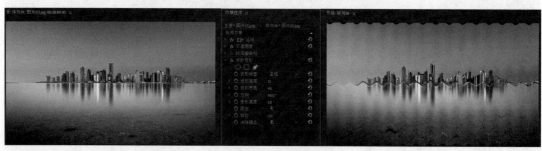

图 8-38

※ 参数详解

【波形类型】：设置素材波纹的类型。

【波形高度】：设置素材波形垂直扭曲的距离与数量。

【波形宽度】：设置素材波形水平扭曲的长度与数量。

【方向】：调节水平和垂直扭曲的数量。

【波形速度】：设置素材波形的波长和速度。

【固定】：设置素材波形连续波纹的数量，也可选择不受影响的区域。

【相位】：设置素材波形循环的起点。

【消除锯齿】：设置素材产生波形效果后的平滑程度。

8.7.8 球面化

【球面化】效果可以使素材产生球面变形的效果，如图 8-39 所示。

※ 参数详解

【半径】：设置素材球面化效果的程度，数值越大半径越大，球面化效果越强。

【球面中心】：设置素材球面化效果中心点的横纵坐标位置。

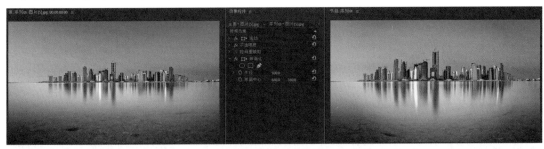

图 8-39

8.7.9 紊乱置换

【紊乱置换】效果可以使素材产生不规则的噪波扭曲变形的效果，如图 8-40 所示。

图 8-40

8.7.10 边角定位

【边角定位】效果可以设置素材"左上""左下""右上"和"右下"四个顶角坐标位置，从而使素材产生变形效果，如图 8-41 所示。

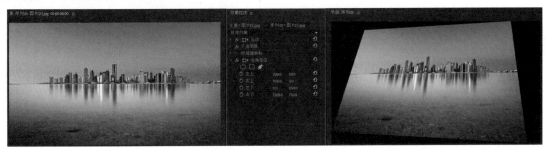

图 8-41

实践操作 边角定位

素材文件: 素材文件 / 第 08 章 / 广告牌 .jpg、广告 .jpg
案例文件: 案例文件 / 第 08 章 / 边角定位 .prproj
教学视频: 教学视频 / 第 08 章 / 边角定位 .mp4
技术要点: 掌握应用【边角定位】视频效果的方法。

STEP 1 将【项目】面板中的"广告牌 .jpg"和"广告 .jpg"素材文件,分别拖曳至视频轨道【V1】和【V2】上,如图 8-42 所示。

图 8-42

STEP 2 激活【时间轴】面板中的"广告 .jpg"素材,然后双击【效果】面板中的【视频效果】>【扭曲】>【边角定位】效果,如图 8-43 所示。

STEP 3 激活"广告 .jpg"素材的【效果控件】面板,设置【边角定位】效果的【左上】为 (382.0,87.0),【右上】为 (891.0,168.0),【左下】为 (378.0,380.0),【右下】为 (895.0, 412.0),如图 8-44 所示。

图 8-43

图 8-44

STEP 4 在【源监视器】面板和【节目监视器】面板中,查看制作前后的效果,如图 8-45 所示。

图 8-45

8.7.11 镜像

【镜像】效果可以使素材沿指定坐标位置产生镜面反射的效果,如图 8-46 所示。

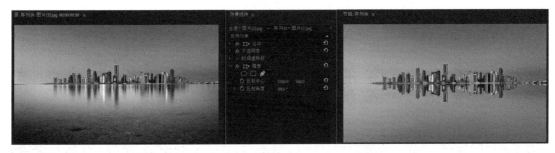

图 8-46

8.7.12 镜头扭曲

【镜头扭曲】效果可以使素材模拟镜头失真，使素材画面产生凹凸变形的扭曲效果，如图 8-47 所示。

 参数详解

【曲率】：设置素材弯曲的程度。

【垂直偏移】：设置素材垂直方向上的偏移程度。

【水平偏移】：设置素材水平方向上的偏移程度。

【垂直棱镜效果】：设置素材垂直方向上的扭曲程度。

【水平棱镜效果】：设置素材水平方向上的扭曲程度。

【填充颜色】：设置素材背景填充的颜色。

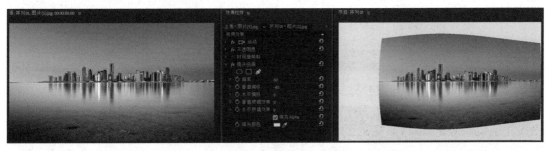

图 8-47

8.8 时间类视频效果

时间类视频效果主要是对素材时间帧的特性进行处理。【时间】文件夹中包含 4 个视频效果，分别是【像素运动模糊】【抽帧时间】【时间扭曲】和【残影】，如图 8-48 所示。

图 8-48

8.8.1 像素运动模糊

【像素运动模糊】效果自动跟踪序列中的每个像素，并可根据计算出的动作模糊场景，如图 8-49 所示。

图 8-49

8.8.2 抽帧时间

【抽帧时间】效果可设置素材的帧速率，产生跳帧播放的效果，如图 8-50 所示。

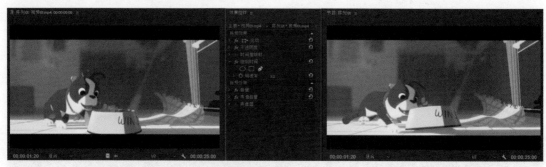

图 8-50

8.8.3 时间扭曲

【时间扭曲】效果可以使素材的当前画面产生时间偏移特效，如图 8-51 所示。

图 8-51

8.8.4 残影

【残影】效果可以使素材的帧重复多次，产生快速运动的效果，如图 8-52 所示。

※ 参数详解

【残影时间 (秒)】：设置素材重影图像的时间间隔。

【残影数量】：设置素材重影图像的数量。

【起始强度】：设置素材图像第一帧的重影强度。

【衰减】：设置素材重影图像消散的程度。

【残影运算符】：设置素材重影消散的运算模式。

图 8-52

8.9 杂色与颗粒类视频效果

杂色与颗粒类视频效果主要是对素材的杂波或噪点进行处理。【杂色与颗粒】文件夹中包含 6 个视频效果，分别是【中间值】【杂色】【杂色 Alpha】【杂色 HLS】【杂色 HLS 自动】和【蒙尘与划痕】，如图 8-53 所示。

8.9.1 中间值

【中间值】效果可以将素材中像素的 RGB 数值重新调整，取其周围颜色的平均值。这样可以去除素材中的杂色和噪点，使画面更柔和，如图 8-54 所示。

图 8-53

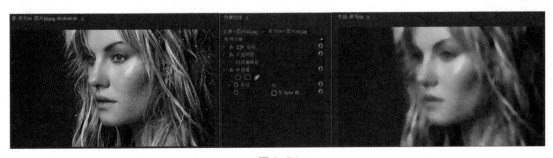

图 8-54

8.9.2 杂色

【杂色】效果可以在素材中添加杂色颗粒，如图 8-55 所示。

※ 参数详解

【杂色数量】：设置素材杂波的数量。

【杂色类型】：为素材添加彩色颗粒杂波。

【剪切】：设置素材杂波的上限。

图 8-55

8.9.3 杂色 Alpha

【杂色 Alpha】效果可以对素材的 Alpha 通道产生影响，添加杂色，如图 8-56 所示。

图 8-56

8.9.4 杂色 HLS

【杂色 HLS】效果可以对素材杂色的色相、亮度和饱和度进行设置，如图 8-57 所示。

图 8-57

8.9.5 杂色 HLS 自动

【杂色 HLS 自动】效果可以对素材杂色的色相、亮度和饱和度进行设置，还可以控制杂色的运动速度，如图 8-58 所示。

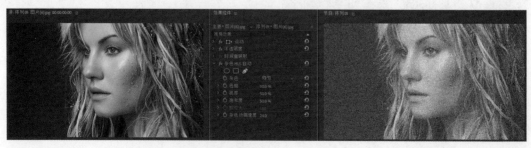

图 8-58

8.9.6　蒙尘与划痕

【蒙尘与划痕】效果可以使素材产生类似灰尘或划痕的效果，如图 8-59 所示。

※ 参数详解

【半径】：设置素材中灰尘与划痕杂波颗粒的半径。

【阈值】：设置素材中灰尘与划痕杂波颗粒的色调容差值。

【在 Alpha 通道上操作】：将特效作用于 Alpha 通道。

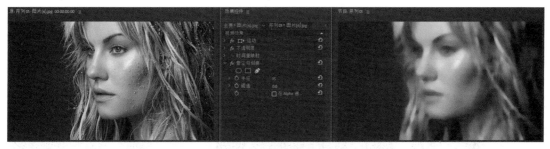

图 8-59

8.10　模糊与锐化类视频效果

模糊与锐化类视频效果主要是对素材进行画面图像模糊，或者使柔和的素材图像变得更加分明锐化。【模糊与锐化】文件夹中包含 7 个视频效果，分别是【复合模糊】【方向模糊】【相机模糊】【通道模糊】【钝化蒙版】【锐化】和【高斯模糊】，如图 8-60 所示。

8.10.1　复合模糊

【复合模糊】效果可以使素材产生柔和模糊的效果，如图 8-61 所示。

图 8-60

图 8-61

8.10.2　方向模糊

【方向模糊】效果可以使素材沿指定方向产生模糊的效果，多用于模拟快速运动，如图 8-62 所示。

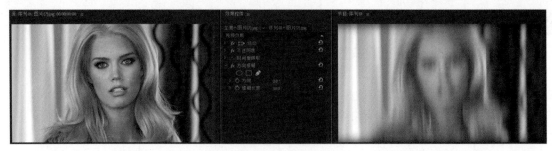

图 8-62

8.10.3 相机模糊

【相机模糊】效果可以模拟在拍摄素材时虚焦的效果，如图 8-63 所示。

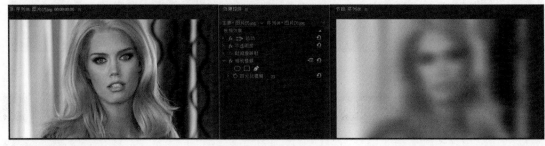

图 8-63

8.10.4 通道模糊

【通道模糊】效果可以对素材的红色、绿色、蓝色或 Alpha 通道单独进行处理，从而产生特殊模糊的效果，如图 8-64 所示。

※ 参数详解

【红色模糊度】：设置素材红色通道的模糊程度。

【绿色模糊度】：设置素材绿色通道的模糊程度。

【蓝色模糊度】：设置素材蓝色通道的模糊程度。

【Alpha 模糊度】：设置素材 Alpha 通道的模糊程度。

【边缘特性】：设置素材是否进行边缘模糊效果的设置。

【模糊维度】：设置素材模糊的方向，包括【水平和垂直】【水平】和【垂直】3 个选项。

图 8-64

8.10.5 钝化蒙版

【钝化蒙版】效果可以通过调整素材色彩强度,加强画面细节,从而达到锐化的效果,如图 8-65 所示。

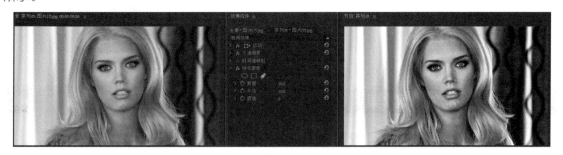

图 8-65

8.10.6 锐化

【锐化】效果可以通过加强素材相邻像素的对比度强度,从而使素材变得更清晰,如图 8-66 所示。

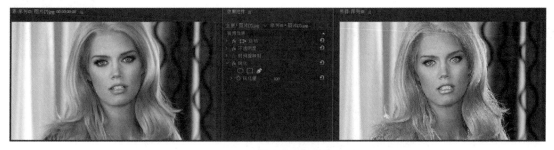

图 8-66

8.10.7 高斯模糊

【高斯模糊】效果可以利用高斯曲线,使素材产生不同程度的虚化效果,如图 8-67 所示。

图 8-67

8.11 沉浸式视频类视频效果

沉浸式视频类视频效果主要是为沉浸式视频添加特效。【沉浸式视频】文件夹中包含 11 个视频效果,分别是【 VR 分形杂色】【 VR 发光】【 VR 平面到球面】【 VR 投影】【 VR 数字故障】

【VR 旋转球面】【VR 模糊】【VR 色差】【VR 锐化】【VR 降噪】和
【VR 颜色渐变】，如图 8-68 所示。

图 8-68

8.12　生成类视频效果

生成类视频效果主要是为素材添加各种特殊图形效果样式。【生成】文件夹中包含 12 个视频效果，分别是【书写】【单元格图案】【吸管填充】【四色渐变】【圆形】【棋盘】【椭圆】【油漆桶】【渐变】【网格】【镜头光晕】和【闪电】，如图 8-69 所示。

8.12.1　书写

【书写】效果可以在素材上制作模拟画笔书写的彩色笔触动画效果，如图 8-70 所示。

图 8-69

图 8-70

8.12.2　单元格图案

【单元格图案】效果可以为素材单元格添加不规则的蜂巢状图案，多用于制作背景纹理，如图 8-71 所示。

※ 参数详解

【单元格图案】：设置特效单元格的蜂巢状图案样式。

【反转】：对蜂巢图案的颜色进行反转。

【对比度】：设置特效锐化对比强度。

【溢出】：设置蜂巢图案溢出的方式。

【分散】：设置蜂巢图案的分散程度。

【大小】：设置蜂巢图案的大小。

【偏移】：设置蜂巢图案的坐标位置。

【平铺选项】：设置蜂巢图案的水平与垂直单元格数量。

【演化】：设置蜂巢图案的运动角度。

【**演化选项**】：设置蜂巢图案的运动参数。

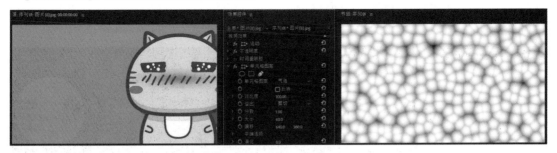

图 8-71

8.12.3 吸管填充

【吸管填充】效果可以提取素材中目标处的颜色，通过调整参数，从而影响素材画面效果，如图 8-72 所示。

图 8-72

8.12.4 四色渐变

【四色渐变】效果可以设置四个颜色，使其互相渐变、叠加，从而影响素材画面的效果，如图 8-73 所示。

　※ 参数详解

【**位置和颜色**】：设置特效的颜色坐标位置和颜色。

【**混合**】：设置特效中四种颜色的混合比例。

【**抖动**】：设置特效颜色变化比例。

【**不透明度**】：设置特效图层的不透明度。

【**混合模式**】：设置特效图层与素材的混合方式。

图 8-73

8.12.5 ▶ 圆形

【圆形】效果可以在素材上添加一个圆形或圆环形的图形效果，如图 8-74 所示。

图 8-74

8.12.6 ▶ 棋盘

【棋盘】效果可以在素材上添加一个矩形棋盘格的图形效果，如图 8-75 所示。

※ 参数详解

【锚点】：设置特效的坐标位置。

【大小依据】：设置矩形棋盘格的大小。其属性选项包括【边角点】【宽度滑块】和【宽度和高度滑块】。

【边角】：设置棋盘格的边角位置和大小。

【宽度】：设置棋盘格的宽度。

【高度】：设置棋盘格的高度。

【羽化】：设置单位棋盘格之间的柔化程度。

【颜色】：设置棋盘格的颜色。

【不透明度】：设置特效图层的不透明度。

【混合模式】：设置特效图层与素材的混合方式。

图 8-75

8.12.7 ▶ 椭圆

【椭圆】效果可以在素材上添加一个圆形、圆环形、椭圆形或椭圆环形的图形效果，该效果比【圆形】效果的功能更全面一些，如图 8-76 所示。

※ 参数详解

【中心】：设置添加图形的中心点坐标。

【宽度】：设置添加图形的宽度。

【**高度**】：设置添加图形的高度。

【**厚度**】：设置添加图形的厚度。

【**柔和度**】：设置添加图形的边缘柔化程度。

【**内部颜色**】：设置添加图形内部边缘的颜色。

【**外部颜色**】：设置添加图形外部边缘的颜色。

【**在原始图像上合成**】：可以与原始素材产生混合效果。

图 8-76

8.12.8 油漆桶

【油漆桶】效果可以为素材指定区域添加颜色，如图 8-77 所示。

图 8-77

8.12.9 渐变

【渐变】效果可以为素材填充线性渐变或放射性渐变的效果，如图 8-78 所示。

图 8-78

8.12.10 网格

【网格】效果可以为素材添加网格图形效果，如图 8-79 所示。

图 8-79

8.12.11 镜头光晕

【镜头光晕】效果可以模拟强光投射到镜头上而产生的光晕效果，如图 8-80 所示。

图 8-80

8.12.12 闪电

【闪电】效果可以模拟闪电的效果，如图 8-81 所示。

图 8-81

8.13 视频类视频效果

视频类视频效果主要是模拟视频信号的电子变动，显示视频素材的部分属性。【视频】文件夹中包含 4 个视频效果，分别是【SDR 遵从情况】【剪辑名称】【时间码】和【简单文本】，如图 8-82 所示。

图 8-82

8.13.1 SDR 遵从情况

【SDR 遵从情况】效果可以将 HDR 素材转换成 SDR 素材，如图 8-83 所示。

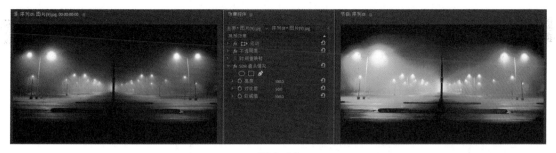

图 8-83

8.13.2 剪辑名称

【剪辑名称】效果可以使素材在【节目监视器】面板中显示素材剪辑名称，如图 8-84 所示。

图 8-84

8.13.3 时间码

【时间码】效果可以使素材在【节目监视器】面板中显示时间码，如图 8-85 所示。

图 8-85

8.13.4 简单文本

【简单文本】效果可以使素材在【节目监视器】面板中显示简单的文本注释，如图 8-86 所示。

图 8-86

8.14 调整类视频效果

调整类视频效果主要是对素材的画面进行调整。【调整】文件夹中包含5 个视频效果，分别是【ProcAmp】【光照效果】【卷积内核】【提取】和【色阶】，如图 8-87 所示。

图 8-87

8.14.1 ProcAmp

【ProcAmp(调色)】效果是调整素材颜色属性的效果，如图 8-88 所示。

图 8-88

8.14.2 光照效果

【光照效果】效果可以为素材添加照明效果，如图 8-89 所示。

图 8-89

实践操作 **光照效果**

素材文件： 素材文件 / 第 08 章 / 人像 .jpg

案例文件： 案例文件 / 第 08 章 / 光照效果 .prproj

教学视频： 教学视频 / 第 08 章 / 光照效果 .mp4

技术要点： 掌握应用【光照效果】视频特效的方法。

STEP 1 将【项目】面板中的"人像 .jpg"素材文件，拖曳至视频轨道【V1】上，如图 8-90 所示。

STEP 2 激活序列中的"人像 .jpg"素材，然后双击【效果】面板中的【视频效果】>【调整】>【光照效果】效果，如图 8-91 所示。

STEP 3 激活"人像 .jpg"素材的【效果控件】面板，执行【光照效果】命令，在【节目监视器】面板中手动调整照明角度和效果，如图 8-92 所示。

图 8-90　　　　　　　　　　　　　　　　　　　　　图 8-91

图 8-92

STEP 4 设置【光照效果】效果的【环境光照颜色】为 (255,70,0)，【环境光照强度】为 30.0，【表面光泽】为 20.0，【表面材质】为 -20.0，【凹凸层】为"视频 1"，【凹凸高度】为 100.0，勾选【白色部分凸起】复选框，如图 8-93 所示。

STEP 5 在【源监视器】面板和【节目监视器】面板中查看制作前后的效果，如图 8-94 所示。

图 8-93　　　　　　　　　　　　　　　　　图 8-94

8.14.3 卷积内核

【卷积内核】效果利用数学回转改变素材的亮度，可增加边缘的对比强度，如图 8-95 所示。

图 8-95

8.14.4 提取

【提取】效果可以去除素材颜色，使其转换成黑白效果，如图 8-96 所示。

图 8-96

8.14.5 色阶

【色阶】效果可以调整素材的色阶明亮程度，如图 8-97 所示。

图 8-97

8.15 过时类视频效果

过时类视频效果主要是对素材的颜色属性进行调整。【过时】文件夹中包含 10 个视频效果，分别是【RGB 曲线】【RGB 颜色校正器】【三向颜色校正器】【亮度曲线】【亮度校正器】【快速颜色校正器】【自动对比度】【自动色阶】【自动颜色】和【阴影 / 高光】，如图 8-98 所示。

图 8-98

8.15.1 RGB 曲线

【RGB 曲线】效果是通过调整素材红色、绿色、蓝色通道和主通道的数值曲线来调整 RGB 色彩值的效果，如图 8-99 所示。

※ 参数详解

【输出】：设置素材输出的方式。

【显示拆分视图】：设置视图中的素材被分割校正前后的两种显示效果。

【布局】：设置分割视图的方式。

【拆分视图百分比】：调整显示视图的百分比。

【主要】：调整所有通道的亮度和对比度。

【红色 / 绿色 / 蓝色】：调整红色、绿色、蓝色通道的亮度和对比度。

【辅助色彩校正】：辅助校正素材颜色的【色相】【饱和度】【亮度】和【结尾柔和度】等属性。

【中央】：设置颜色校正的范围中心。

【色相 / 饱和度 / 亮度】：设置素材颜色的色相、饱和度、亮度。

【结尾柔和度】：设置特效的柔化程度。

【边缘细化】：对颜色边缘进行锐化，使色彩边缘更清晰。

【反转】：选择反转校正后的颜色范围和反转遮罩。

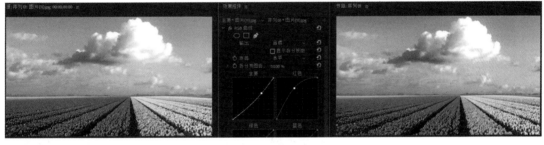

图 8-99

8.15.2 RGB 颜色校正器

【RGB 颜色校正器】效果是通过调整素材 RGB 参数来调整颜色和亮度的效果，如图 8-100 所示。

※ 参数详解

【输出】：设置素材输出的方式，包括【复合】【亮度】和【色调范围】3 种方式。

【显示拆分视图】：设置视图中的素材被分割校正前后的两种显示效果。

【布局】：设置分割视图的方式。

【拆分视图百分比】：调整显示视图的百分比。

【色调范围】：设置素材色调的范围，包括【主】【高光】【中间调】和【阴影】4 种方式。

【灰度系数】：设置素材中间色调的倍增值。

【基值】：设置素材暗部色调的倍增值。

【增益】：设置素材亮部色调的倍增值。

【RGB】：设置素材红色、绿色和蓝色通道属性，从而进行色调调整。

【辅助颜色校正】：调整辅助颜色的属性数值。

图 8-100

8.15.3 ▶ 三向颜色校正器

【三向颜色校正器】效果是通过调整素材阴影、中间调和高光来调整颜色的效果，如图 8-101 所示。

※ 参数详解

【输出】：设置素材输出的方式，包括【视频】和【亮度】两种方式。

【拆分视图】：设置视图中的素材被分割校正前后的两种显示效果。

【显示拆分视图】：设置视图中的素材被分割校正前后的两种显示效果。

【布局】：设置分割视图的方式。

【拆分视图百分比】：调整显示视图的百分比。

【输入 / 输出色阶】：设置素材的色阶。

【色调范围定义】：定义使用衰减控制阈值和阈值的暗部和亮部的色调范围。

【饱和度】：设置素材的颜色纯度。

【辅助色彩校正】：辅助校正素材颜色的【色相】【饱和度】【亮度】和【边缘细化】等属性。

【自动色阶】：自动设置素材颜色的色阶。

【阴影 / 中间调 / 高光】：设置素材暗部色调 / 中间调 / 亮部色调的【色相角度】【平衡数量级】【平衡增益】和【平衡角度】属性。

【主要】：设置素材主色调的【色相角度】【平衡数量级】【平衡增益】和【平衡角度】属性。

【主色阶】：设置素材输入与输出的黑灰白色阶。

图 8-101

8.15.4 ▶ 亮度曲线

【亮度曲线】效果是通过【亮度波形】曲线来调整素材亮度值的效果，如图 8-102 所示。

※ 参数详解

【输出】：设置素材输出的方式，包括【复合】和【亮度】两种方式。

【显示拆分视图】：设置视图中的素材被分割校正前后的两种显示效果。

【布局】：设置分割视图的方式。

【拆分视图百分比】：调整显示视图的百分比。

【亮度波形】：通过改变曲线形状，设置素材的亮度和对比度。

【辅助色彩校正】：辅助校正素材颜色的属性。

【中央】：设置颜色校正的范围中心。

【色相 / 饱和度 / 亮度】：设置素材颜色的色相、饱和度、亮度。

【柔化】：设置特效的柔化程度。

【边缘细化】：对颜色边缘进行锐化，使色彩边缘更清晰。

【反转】：选择反转校正后的颜色范围和反转遮罩。

图 8-102

8.15.5　亮度校正器

【亮度校正器】效果是调整素材亮度值的效果，如图 8-103 所示。

※ 参数详解

【输出】：设置素材输出的方式。

【显示拆分视图】：设置视图中的素材被分割校正前后的两种显示效果。

【布局】：设置分割视图的方式。

【拆分视图百分比】：调整显示视图的百分比。

【色调范围】：设置素材色调的范围。

【亮度】：调整素材的明亮程度。

【对比度】：调整素材的对比度。

【对比度级别】：设置素材的对比级别。

【灰度系数】：设置素材中间色调的倍增值。

【基值】：设置素材暗部色调的倍增值。

【增益】：设置素材亮部色调的倍增值。

【辅助色彩校正】：辅助校正素材颜色的属性。

【中央】：设置颜色校正的范围中心。

【色相 / 饱和度 / 亮度】：设置素材颜色的色相、饱和度、亮度。

【柔化】：设置特效的柔化程度。

【边缘细化】：对颜色边缘进行锐化，使色彩边缘更清晰。

【反转】：选择反转校正后的颜色范围和反转遮罩。

图 8-103

8.15.6 快速颜色校正器

【快速颜色校正器】效果可以快速校正素材的颜色，如图 8-104 所示。

※ 参数详解

【**输出**】：设置素材输出的方式。

【**显示拆分视图**】：设置视图中的素材被分割校正前后的两种显示效果。

【**布局**】：设置分割视图的方式。

【**拆分视图百分比**】：调整显示视图的百分比。

【**白平衡**】：选择颜色设置素材高光色调的平衡。

【**色相平衡和角度**】：通过设置调色盘来调整素材的色相、平衡、数值和角度。也可以通过【色相角度】【平衡数量级】【平衡增益】和【平衡角度】参数来调整。

【**色相角度**】：调整素材色相旋转角度。

【**平衡数量级**】：控制素材颜色平衡校正的数量。

【**平衡增益**】：设置素材色调的倍增强度。

【**平衡角度**】：设置素材色调指针在调色盘上的位置角度。

【**饱和度**】：设置素材的颜色纯度。

【**自动黑色阶**】：自动设置素材颜色的黑色阶。

【**自动对比度**】：自动设置素材颜色的对比度。

【**自动白色阶**】：自动设置素材颜色的白色阶。

【**黑色阶 / 灰色阶 / 白色阶**】：设置素材黑白灰程度，控制素材暗部、中间灰部和亮部的颜色。

【**输入色阶**】：调整素材的输入色阶范围。

【**输出色阶**】：调整素材的输出色阶范围。

【**输入黑、灰、白色阶**】：调整素材输入黑、灰、白的平衡值。

【**输出黑、白色阶**】：调整素材输出黑、白的平衡值。

图 8-104

8.15.7 自动对比度

【自动对比度】效果可以自动快速地校正素材颜色的对比度，如图 8-105 所示。

※ 参数详解

【瞬时平滑（秒）】：设置素材的平滑时间。

【场景检测】：检测每个场景，并对其对比度进行调整。

【减少黑色像素】：设置素材暗部的明亮程度。

【减少白色像素】：设置素材亮部的明亮程度。

【与原始图像混合】：设置素材间的混合程度。

图 8-105

8.15.8 自动色阶

【自动色阶】效果可以自动快速地校正素材颜色的色阶明亮程度，如图 8-106 所示。

※ 参数详解

【瞬时平滑（秒）】：设置素材的平滑时间。

【场景检测】：检测每个场景，并对其色阶进行调整。

【减少黑色像素】：设置素材暗部的明亮程度。

【减少白色像素】：设置素材亮部的明亮程度。

【与原始图像混合】：设置素材间的混合程度。

图 8-106

8.15.9 自动颜色

【自动颜色】效果可以自动快速地校正素材的颜色，如图 8-107 所示。

※ 参数详解

【瞬时平滑（秒）】：设置素材的平滑时间。

【场景检测】：检测每个场景，并对其色彩进行调整。

【减少黑色像素】：设置素材暗部的明亮程度。

【减少白色像素】：设置素材亮部的明亮程度。

【对齐中性中间调】：使素材颜色趋于中间色调。

【与原始图像混合】：设置素材间的混合程度。

图 8-107

8.15.10 阴影 / 高光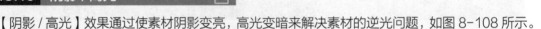

【阴影 / 高光】效果通过使素材阴影变亮，高光变暗来解决素材的逆光问题，如图 8-108 所示。

图 8-108

8.16 过渡类视频效果

过渡类视频效果主要是对素材的出现方式进行动态调整，与【视频过渡】文件夹中的效果类似，但不同的是【视频效果】文件夹中的效果是对单个素材产生变化效果，而【视频过渡】文件夹中的效果是调整两个素材之间的变化效果。

从作用效果上说，【视频效果】文件夹中的效果是同一时间区域不同素材间的变化，而【视频过渡】文件夹中的效果是相邻时间区域不同素材间的变化。

【过渡】文件夹中包含5个视频效果，分别是【块溶解】【径向擦除】【渐变擦除】【百叶窗】和【线性擦除】，如图 8-109 所示。

图 8-109

8.16.1 块溶解

【块溶解】效果可以使素材逐渐消失在随机像素块中，如图 8-110 所示。

※ 参数详解

【过渡完成】：设置素材过渡像素块的百分比。

【**块宽度**】：设置素材过渡像素块的宽度。

【**块高度**】：设置素材过渡像素块的高度。

【**羽化**】：设置素材过渡像素块边缘的柔化程度。

【**柔化边缘（最佳品质）**】：使过渡像素块边缘更加的柔和。

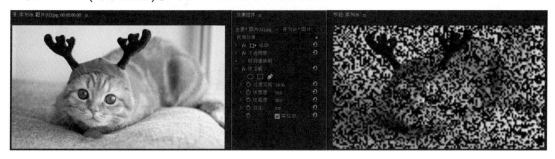

图 8-110

8.16.2 径向擦除

【**径向擦除**】效果可以使素材以指定坐标点为中心，以圆形表盘指针旋转的方式逐渐将图像擦除，如图 8-111 所示。

※ 参数详解

【**过渡完成**】：设置素材过渡擦除的百分比。

【**起始角度**】：设置素材过渡擦除的起始角度。

【**擦除中心**】：设置素材过渡擦除的擦除中心点位置坐标。

【**擦除**】：设置素材过渡擦除的方向，包括【顺时针】【逆时针】和【两者兼有】3 个选项。

【**羽化**】：设置素材过渡擦除的柔化程度。

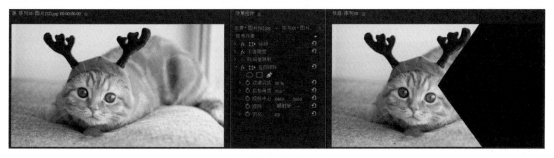

图 8-111

8.16.3 渐变擦除

【**渐变擦除**】效果可以使素材间的亮度值逐渐过渡，从而使素材产生变化效果，如图 8-112 所示。

※ 参数详解

【**过渡完成**】：设置素材过渡擦除的百分比。

【**过渡柔和度**】：设置素材过渡擦除的边缘柔化程度。

【**渐变图层**】：设置素材过渡擦除的图层，包括【无】【视频 1】【视频 2】和【视频 3】4 个选项。

【**渐变放置**】：设置素材过渡擦除的方式，包括【平铺渐变】【中心渐变】和【伸缩渐变以适合】3 个选项，如图 8-112 所示。

图 8-112

【**反转渐变**】：设置素材间的反转渐变擦除效果。

8.16.4 百叶窗

【**百叶窗**】效果是模拟百叶窗的条纹形状，建立蒙版效果，逐渐显示下层素材影像的效果，如图 8-113 所示。

图 8-113

8.16.5 线性擦除

【**线性擦除**】效果是通过线条滑动的方式擦除原始素材，逐渐显示下层素材影像的效果，如图 8-114 所示。

※ 参数详解

【**过渡完成**】：设置素材过渡擦除的百分比。

【**擦除角度**】：设置素材过渡擦除的角度。

【**羽化**】：设置素材过渡擦除的柔化程度。

图 8-114

8.17 透视类视频效果

透视类视频效果主要是对素材添加各种立体的透视效果。【透视】文件夹中包含 5 个视频效果，分别是【基本 3D】【投影】【放射阴影】【斜角边】和【斜面 Alpha】，如图 8-115 所示。

图 8-115

8.17.1 基本 3D

【基本 3D】效果是将素材模拟放置在三维空间中进行旋转和倾向的三维变化的效果，如图 8-116 所示。

※ 参数详解

【旋转】：设置素材效果的旋转角度。

【倾斜】：设置素材效果的倾斜角度。

【与图像的距离】：模拟三维空间距离，使素材呈现近大远小的透视效果。

【镜面高光】：设置素材上的反射高光效果。

【预览】：勾选【绘制预览线框】复选框，可以提高预览效果。

图 8-116

8.17.2 投影

【投影】效果可以为素材添加投影效果，如图 8-117 所示。

图 8-117

8.17.3 放射阴影

【放射阴影】效果可以为素材添加一个光源照明，使阴影投放在下层素材上，如图 8-118 所示。

图 8-118

8.17.4 斜角边

【斜角边】效果可以为素材添一个照明，使素材产生三维立体倾斜效果，如图 8-119 所示。

※ 参数详解

【边缘厚度】：设置效果立体化的边缘薄厚程度。

【光照角度】：设置效果投射灯光的角度。

【光照颜色】：设置效果投射灯光的颜色。

【光照强度】：设置效果投射灯光的强弱程度。

 图 8-119

8.17.5 斜面 Alpha

【斜角边 Alpha】效果可以为素材的 Alpha 通道添加倾斜效果，使二维图像更具有三维立体化效果，如图 8-120 所示。

※ 参数详解

【边缘厚度】：设置效果立体化的边缘薄厚程度。

【光照角度】：设置效果投射灯光的角度。

【光照颜色】：设置效果投射灯光的颜色。

【光照强度】：设置效果投射灯光的强弱程度。

图 8-120

8.18　通道类视频效果

通道类视频效果主要是对素材的通道进行处理，从而调整素材颜色的效果。【通道】文件夹中包含 8 个视频效果，分别是【反转】【复合运算】【混合】【算术】【纯色合成】【计算】和【设置遮罩】，如图 8-121 所示。

图 8-121

8.18.1　反转

【反转】效果可以反转素材的颜色值，使素材颜色以各自补色的形式显示，如图 8-122 所示。

图 8-122

8.18.2　复合运算

【复合运算】效果可以通过数学计算的方式使素材添加组合效果，如图 8-123 所示。

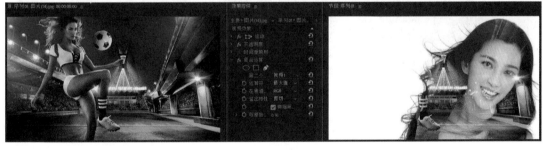

图 8-123

8.18.3　混合

【混合】效果可以指定素材轨道间的混合效果，如图 8-124 所示。

※ 参数详解

【与图层混合】：设置要混合的第二个素材。

【模式】：设置素材间混合计算方式，包括【交叉淡化】【仅颜色】【仅色彩】【仅变暗】和【仅变亮】5 种方式。

【与原始图像混合】：设置与原始图层素材混合的透明度。

【如果图层大小不同】：设置不同大小素材间的混合方式，包括【居中】和【伸展以适合】两种方式。

图 8-124

8.18.4 算术

【算术】效果是对素材色彩通道进行数学计算后得到的添加效果，如图 8-125 所示。

※ 参数详解

【运算符】：设置效果混合运算的算术方式，包括【与】【或】【异或】【相加】【相减】【差值】【最小值】【最大值】【上界】【下界】【限制】【相乘】和【滤色】13 种方式。

【红色值】：设置红色通道的混合程度。

【绿色值】：设置绿色通道的混合程度。

【蓝色值】：设置蓝色通道的混合程度。

【剪切】：裁剪多余的混合信息。

图 8-125

8.18.5 纯色合成

【纯色合成】效果可以使一种颜色以不同的混合模式覆盖到素材上，如图 8-126 所示。

图 8-126

8.18.6 计算

【计算】效果可以设置不同轨道上素材的混合模式，如图 8-127 所示。

※ 参数详解

【输入通道】：设置混合操作的通道，包括【RGBA】【灰色】【红色】【绿色】【蓝色】和【Alpha】6 种通道。

【反转输入】：反转剪辑之前提取指定通道的效果信息。

【第二个图层】：选择计算的素材轨道。

【第二个图层通道】：选择混合的图层通道。

【第二个图层不透明度】：设置第二个素材轨道的透明度。

【反转第二个图层】：反转指定的素材图层。

【伸缩第二个图层以适合】：自动设置第二个素材的大小以适应原素材。

【混合模式】：设置素材图层之间的混合模式。

【保持透明度】：保持原素材图层的透明度。

图 8-127

8.18.7 设置遮罩

【设置遮罩】效果可以组合两个素材，添加移动蒙版效果，如图 8-128 所示。

图 8-128

8.19 键控类视频效果

键控类视频效果主要是对素材进行抠像处理。【键控】文件夹中包含 9 个视频效果，分别是【Alpha 调整】【亮度键】【图像遮罩键】【差值遮罩】【移除遮罩】【超级键】【轨道遮罩键】【非红色键】和【颜色键】，如图 8-129 所示。

图 8-129

8.19.1 Alpha 调整

【Alpha 调整】效果可以利用素材的 Alpha 通道，对其进行抠像，如图 8-130 所示。

※ 参数详解

【不透明度】：设置素材的透明度。

【忽略 Alpha】：勾选该复选框，可以忽略素材的 Alpha 通道。

【反转 Alpha】：勾选该复选框，可以反转素材的 Alpha 通道。

【仅蒙版】：勾选该复选框，可以只显示 Alpha 通道的蒙版。

图 8-130

8.19.2 亮度键

【亮度键】效果可以抠取素材中明度较暗的区域，如图 8-131 所示。

※ 参数详解

【阈值】：设置抠取素材中明度较暗区域的容差值。

【屏蔽度】：设置素材的屏蔽程度。

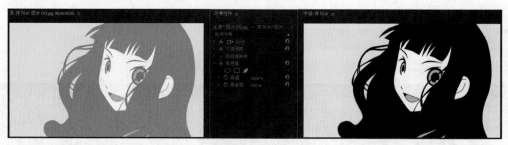

图 8-131

8.19.3 图像遮罩键

【图像遮罩键】效果可以设置素材为蒙版，控制叠加的透明效果，如图 8-132 所示。

※ 参数详解

【合成使用】：设置素材合成的遮罩方式，包括【Alpha 遮罩】和【亮度遮罩】两个选项。

【反向】：勾选该复选框，可以反转遮罩方向。

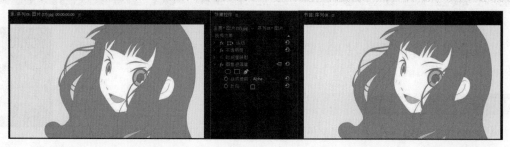

图 8-132

8.19.4 差值遮罩

【差值遮罩】效果可以去除两个素材中相匹配的区域，如图 8-133 所示。

※ 参数详解

【视图】：设置视图预览方式，包括【最终输出】【仅限源】和【仅限遮罩】3 种方式。

【差值图层】：设置与当前素材产生差值的轨道图层。

【如果图层大小不同】：设置不同大小素材间的混合方式。

【匹配容差】：设置素材间差值的容差百分比。

【匹配柔和度】：设置素材间差值的柔化程度。

【差值前模糊】：设置素材间差值的模糊程度。

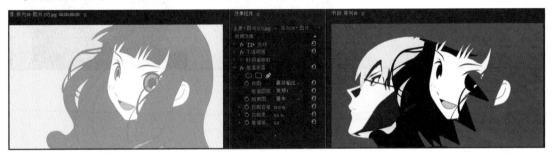

图 8-133

8.19.5 移除遮罩

【移除遮罩】效果可以利用素材的红色、绿色、蓝色通道或 Alpha 通道，对其进行抠像，如图 8-134 所示。该效果在抠取素材白色或黑色部分效果明显。

※ 参数详解

【遮罩类型】：设置遮罩的类型，包括【白色】和【黑色】两种。

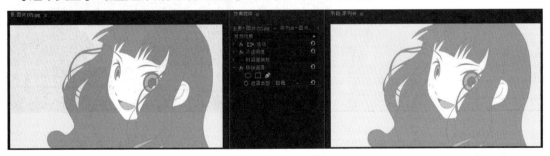

图 8-134

8.19.6 超级键

【超级键】效果可以抠取素材中某个颜色或相似颜色的区域，如图 8-135 所示。

※ 参数详解

【输出】：设置素材的输出类型，包括【合成】【Alpha 通道】和【颜色通道】3 种方式。

【设置】：设置抠取素材的类型，包括【默认】【弱效】【强效】和【自定义】4 种方式。

【主要颜色】：设置抠取素材的颜色值。

【遮罩生成】：设置生成遮罩的属性，包括【透明度】【高光】【阴影】【容差】和【基值】5 种方式。

【遮罩清除】：设置抑制遮罩的属性，包括【抑制】【柔化】【对比度】和【中间点】4 种方式。

【溢出抑制】：设置对溢出色彩抑制的属性，包括【降低饱和度】【范围】【溢出】和【亮度】4 种方式。

【颜色校正】：调整素材的色彩，包括【饱和度】、【色相】和【明亮度】3 种方式。

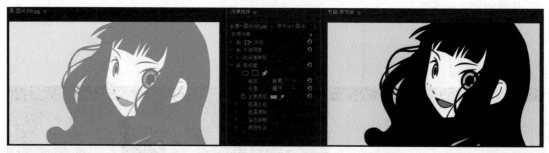

图 8-135

8.19.7 轨道遮罩键

【轨道遮罩键】效果可以设置某个轨道素材为蒙版，一般多用于动态抠取素材，如图 8-136 所示。

※ 参数详解

【遮罩】：设置遮罩素材的轨道图层。

【合成方式】：设置素材合成的遮罩方式，包括【Alpha 遮罩】和【亮度遮罩】两个选项。

【反向】：勾选该复选框，可以反转遮罩方向。

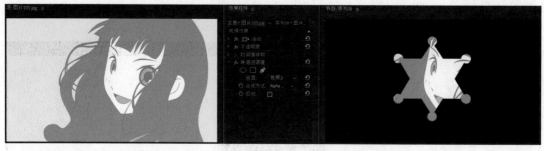

图 8-136

8.19.8 非红色键

【非红色键】效果可以同时去除素材中的蓝色和绿色背景，如图 8-137 所示。

※ 参数详解

【阈值】：设置抠取素材色值的容差度。

【屏蔽度】：调整素材细微抠取素材效果。

【去边】：设置抠取素材颜色的方式，包括【无】【绿色】和【蓝色】3 个选项。

【平滑】：设置抠取素材边缘的平滑程度，包括【无】【低】和【高】3 个选项。

【仅蒙版】：勾选该复选框，可以只显示 Alpha 通道的蒙版。

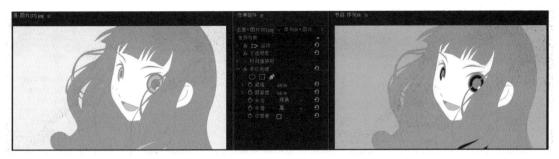

图 8-137

8.19.9 颜色键

【颜色键】效果可以抠取素材中特定的某个颜色或某个颜色区域，与【色度键】效果类似，如图 8-138 所示。

※ 参数详解

【主要颜色】：设置抠取素材的颜色值。

【颜色容差】：设置抠取素材颜色的容差程度。

【边缘细化】：设置抠取素材边缘的细化程度，其数值越小，边缘越粗糙。

【羽化边缘】：设置抠取素材边缘的柔化程度，其数值越大，边缘越柔和。

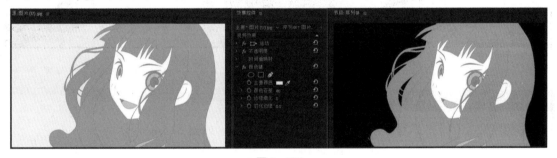

图 8-138

8.20 颜色校正类视频效果

颜色校正类视频效果主要是对素材颜色的校正调节。【颜色校正】文件夹中包含 12 个视频效果，分别是【ASC CDL】【Lumetri 颜色】【亮度与对比度】【分色】【均衡】【更改为颜色】【更改颜色】【色彩】【视频限幅器】【通道混合器】【颜色平衡】和【颜色平衡 (HLS)】，如图 8-139 所示。

图 8-139

8.20.1 ASC CDL

【ASC CDL】效果是将素材颜色自动兼容到"颜色决定列表 (CDL)"体系中，使制作的素材颜色符合美国电影摄影协会制定的行业标准，如图 8-140 所示。

图 8-140

8.20.2 Lumetri 颜色

【Lumetri 颜色】效果可以链接外部 Lumetri Looks 颜色分级引擎，对图像颜色进行校正，如图 8-141 所示。

图 8-141

8.20.3 亮度与对比度

【亮度与对比度】效果是调整素材亮度和对比度的效果，如图 8-142 所示。

※ 参数详解

【亮度】：调整素材的明亮程度。

【对比度】：调整素材的对比度。

图 8-142

8.20.4 分色

【分色】效果可以保留一种指定的颜色，将其他颜色转化为灰度色，如图 8-143 所示。

※ 参数详解

【脱色量】：设置素材颜色的脱色程度。

【要保留的颜色】：设置素材要保留的颜色。

【容差】：设置素材的容差程度。

【边缘柔和度】：设置素材边缘的柔化程度。

【匹配颜色】：设置使用素材颜色的属性范围，包括【使用 RGB】【使用色相】两种方式。

图 8-143

8.20.5　均衡

【均衡】效果可以对素材颜色属性进行均衡化处理，如图 8-144 所示。

图 8-144

8.20.6　更改为颜色

【更改为颜色】效果可以将素材中的一种颜色替换为另一种颜色，如图 8-145 所示。

※ 参数详解

【自】：设置素材中需要更改的颜色。

【至】：设置更改后的目标颜色。

【更改】：设置素材需要更改的颜色属性，包括【色相】【色相和亮度】【色相和饱和度】和【色相、亮度和饱和度】4 种选项。

【更改方式】：设置替换素材颜色的方式，包括【设置为颜色】和【变换为颜色】两种方式。

【容差】：设置颜色的容差程度。

【柔和度】：设置替换颜色后的柔化程度。

【查看校正遮罩】：可以查看替换颜色的蒙版信息。

图 8-145

8.20.7 更改颜色

【更改颜色】效果可以更改素材中选定颜色的色相、饱和度、亮度等常规颜色属性，如图 8-146 所示。

※ 参数详解

【视图】：设置视图预览方式，包括【校正的图层】和【颜色校正蒙版】两种方式。

【色相变换】：调整素材的色相。

【亮度变换】：调整素材的明度。

【饱和度变换】：调整素材的饱和度。

【要更改的颜色】：设置要调整的颜色。

【匹配容差】：设置素材颜色的差值范围。

【匹配柔和度】：设置素材颜色的柔化程度。

【匹配颜色】：设置使用素材颜色的属性范围，包括【使用 RGB】【使用色相】和【使用色度】3 种方式。

【反相色彩校正蒙版】：可以反转素材当前的颜色。

图 8-146

8.20.8 色彩

【色彩】效果可以将素材中的黑白颜色映射为其他颜色，如图 8-147 所示。

※ 参数详解

【将黑色映射到】：设置素材暗部的着色颜色。

【将白色映射到】：设置素材亮部的着色颜色。

【着色量】：设置素材的着色程度。

图 8-147

8.20.9 视频限幅器

【视频限幅器】效果可以为素材颜色限定范围，防止色彩溢出，如图 8-148 所示。

※ 参数详解

【显示拆分视图】：设置视图中的素材被分割校正前后的两种显示效果。

【布局】：设置分割视图的方式。

【拆分视图百分比】：调整显示视图的百分比。

【缩小轴】：设置素材颜色限定范围，包括【亮度】【色度】【色度和亮度】和【智能限制】4 种方式。

【信号最小值】：指定视频的最小信号。

【信号最大值】：指定视频的最大信号。

【缩小方式】：控制素材亮度和色度的幅度，包括【高光压缩】【中间调压缩】【阴影压缩】【高光和阴影压缩】和【压缩全部】5 种方式。

【色调范围定义】：定义使用衰减控制阈值和阈值的暗部和亮部的色调范围。

【阴影阈值】：设置素材的阴影阈值程度。

【阴影柔和度】：设置素材的阴影柔化程度。

【高光阈值】：设置素材的高光阈值程度。

【高光柔和度】：设置素材的高光柔化程度。

图 8-148

8.20.10 通道混合器

【通道混合器】效果通过调整素材通道参数，从而调整素材的颜色，如图 8-149 所示。

※ 参数详解

【红色 – 红色】：设置素材红色通道与红色通道的混合数值。

【**红色－绿色**】：设置素材红色通道与绿色通道的混合数值。

【**红色－蓝色**】：设置素材红色通道与蓝色通道的混合数值。

【**红色－恒量**】：保留素材红色通道，将其余两个通道相混合。

【**绿色－红色**】：设置素材绿色通道与红色通道的混合数值。

【**绿色－绿色**】：设置素材绿色通道与绿色通道的混合数值。

【**绿色－蓝色**】：设置素材绿色通道与蓝色通道的混合数值。

【**绿色－恒量**】：保留素材绿色通道，将其余两个通道相混合。

【**蓝色－红色**】：设置素材蓝色通道与红色通道的混合数值。

【**蓝色－绿色**】：设置素材蓝色通道与绿色通道的混合数值。

【**蓝色－蓝色**】：设置素材蓝色通道与蓝色通道的混合数值。

【**蓝色－恒量**】：保留素材蓝色通道，将其余两个通道相混合。

【**单色**】：可以将素材转变为黑白效果。

图 8-149

8.20.11 颜色平衡

【颜色平衡】效果是通过调整素材的阴影、中间调和高光区域属性，从而使素材颜色达到平衡的效果，如图 8-150 所示。

 参数详解

【**阴影红色 / 绿色 / 蓝色平衡**】：调整素材阴影的红色、绿色和蓝色通道的色彩平衡。

【**中间调红色 / 绿色 / 蓝色平衡**】：调整素材中间色调的红色、绿色和蓝色通道的色彩平衡。

【**高光红色 / 绿色 / 蓝色平衡**】：调整素材高光区域的红色、绿色和蓝色通道的色彩平衡。

图 8-150

8.20.12 颜色平衡 (HLS)

【颜色平衡 (HLS)】效果是通过调整素材的色相、亮度、饱和度属性，从而使素材颜色达到平衡的效果，如图 8-151 所示。

※ 参数详解

【色相】：调整素材的色彩属相。

【亮度】：调整素材的明亮程度。

【饱和度】：调整素材的颜色纯度。

图 8-151

8.21 风格化类视频效果

风格化类视频效果主要是对素材进行艺术化处理。【风格化】文件夹中包含 13 个视频效果，分别是【Alpha 发光】【复制】【彩色浮雕】【抽帧】【曝光过度】【查找边缘】【浮雕】【画笔描边】【粗糙边缘】【纹理化】【闪光灯】【阈值】和【马赛克】，如图 8-152 所示。

图 8-152

8.21.1 Alpha 发光

【Alpha 发光】效果可以使素材 Alpha 通道边缘产生发光效果，如图 8-153 所示。

※ 参数详解

【发光】：设置素材发光范围的大小。

【亮度】：设置素材发光的明亮程度。

【起始颜色】：设置素材发光开始的颜色。

【结束颜色】：设置素材发光结束的颜色。

【使用结束颜色】：勾选该复选框，则会使用【结束颜色】选项中设置的颜色。

【淡出】：勾选该复选框，会产生发光颜色逐渐衰减的平滑过渡效果。

图 8-153

8.21.2 复制

【复制】效果可以在画面中创建多个图像副本，如图 8-154 所示。

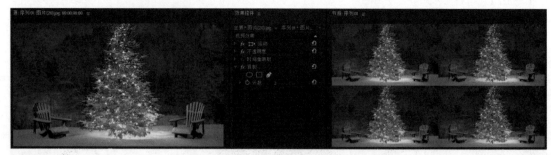

图 8-154

实践操作 复制

素材文件： 素材文件 / 第 08 章 / 多重复制 .jpg

案例文件： 案例文件 / 第 08 章 / 复制 .prproj

教学视频： 教学视频 / 第 08 章 / 复制 .mp4

技术要点： 掌握应用【复制】和【彩色浮雕】视频效果的方法。

STEP 1 将【项目】面板中的"多重复制 .jpg"素材文件，拖曳至视频轨道【V1】中，如图 8-155 所示。

STEP 2 激活【时间轴】面板中的"多重复制 .jpg"素材，然后双击【效果】面板中的【视频效果】>【风格化】>【复制】和【彩色浮雕】效果，如图 8-156 所示。

图 8-155

图 8-156

STEP 3 激活【时间轴】面板中的"多重复制 .jpg"素材，执行右键菜单中的【速度 / 持续时间】命令。设置【持续时间】为 00:00:05:00，如图 8-157 所示。

STEP 4 激活"多重复制 .jpg"素材的【效果控件】面板，开启【计数】的【切换动画】按钮，将【当前时间指示器】移动到 00:00:00:00 位置，设置【计数】为 2；将【当前时间指示器】移动到 00:00:04:24 位置，设置【计数】为 10，如图 8-158 所示。

STEP 5 设置【彩色浮雕】效果的【起伏】为 4.00，如图 8-159 所示。

STEP 6 在【节目监视器】面板中查看最终动画效果，如图 8-160 所示。

图 8-157

图 8-158

图 8-159

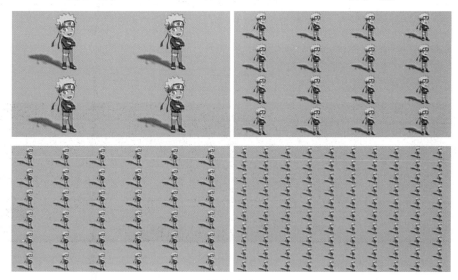
图 8-160

8.21.3 彩色浮雕

【彩色浮雕】效果可以使素材在不去除颜色的基础上产生立体浮雕效果，如图 8-161 所示。

※ 参数详解

【方向】：设置浮雕效果的方向。

【起伏】：设置浮雕效果的尺寸大小。

【对比度】：设置浮雕效果的对比度。

【与原始图像混合】：设置与原始素材的混合程度。

图 8-161

8.21.4 抽帧

【抽帧】效果是通过改变素材的颜色层次，从而调整素材的颜色的效果，如图 8-162 所示。

图 8-162

8.21.5 曝光过度

【曝光过度】效果可以模拟相机曝光过度的效果，如图 8-163 所示。

图 8-163

8.21.6 查找边缘

【查找边缘】效果可以利用线条效果将素材对比高的区域勾勒出来，如图 8-164 所示。

图 8-164

8.21.7 浮雕

【浮雕】效果可以使素材产生立体浮雕效果，如图 8-165 所示。

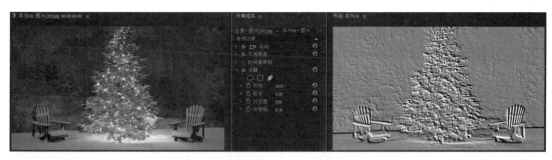

图 8-165

8.21.8 画笔描边

【画笔描边】效果可以使素材模拟出笔触绘画的效果，如图 8-166 所示。

※ 参数详解

【描边角度】：设置画笔描边的角度。

【画笔大小】：设置画笔尺寸的大小。

【描边长度】：设置每个描边笔触的长度大小。

【描边浓度】：设置描边的密度。

【描绘浓度】：设置描边笔触的随机性。

【绘画表面】：设置笔触与画面的位置和绘画的进行方式，包括【在原始图像上绘画】【在透明背景上绘画】【在白色上绘画】和【在黑色上绘画】4 种方式。

【与原始图像混合】：设置与原始素材的混合程度。

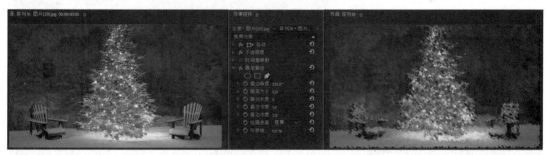

图 8-166

8.21.9 粗糙边缘

【粗糙边缘】效果可以使素材边缘变得粗糙，如图 8-167 所示。

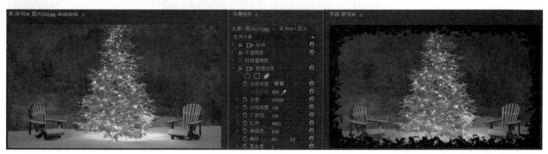

图 8-167

8.21.10 纹理化

【纹理化】效果可以在当前图层中创建指定图层的浮雕纹理效果，如图 8-168 所示。

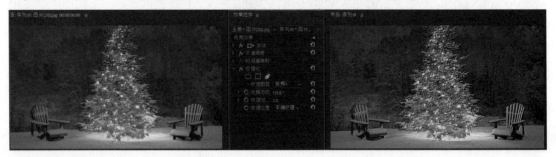

图 8-168

8.21.11 闪光灯

【闪光灯】效果可以在素材中创建有规律时间间隔的闪光灯效果，如图 8-169 所示。

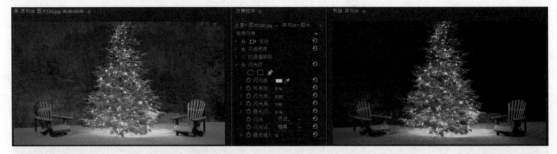

图 8-169

8.21.12 阈值

【阈值】效果可以调整素材为黑白效果，如图 8-170 所示。

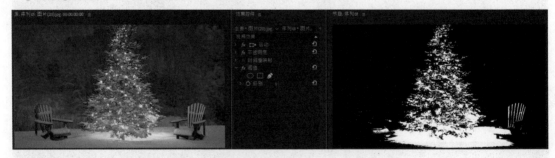

图 8-170

8.21.13 马赛克

【马赛克】效果可以将素材调整为马赛克效果，如图 8-171 所示。

图 8-171

8.22 预设文件夹

【预设】文件夹就是将一些常用的设置好的视频效果添加到此文件夹中,以方便用户查找使用。【预设】文件夹中的视频效果可自带动画效果,这样可以提高制作效率。【预设】文件夹又按照视频效果的用途和风格等方式,细化分为 8 个文件夹,分别是【卷积内核】【去除镜头扭曲】【扭曲】【斜角边】【模糊】【画中画】【过度曝光】和【马赛克】文件夹,如图 8-172 所示。

图 8-172

8.22.1 卷积内核文件夹

【卷积内核】文件夹中的视频效果就是利用数学回转改变素材的亮度,可增加边缘的对比强度。【卷积内核】文件夹中包括 10 个视频效果,如图 8-173 所示。【卷积内核】文件夹中的【卷积内核浮雕】效果,如图 8-174 所示。

图 8-173

图 8-174

8.22.2 去除镜头扭曲文件夹

【去除镜头扭曲】文件夹中的视频效果就是使素材模拟镜头失真,使素材画面产生凹凸变形的扭曲效果。【去除镜头扭曲】文件夹中包括两个层级的子文件夹,提供了多种不同样式的效果,如图 8-175 所示。【去除镜头扭曲】文件夹中的【镜头扭曲 (1080)】效果,如图 8-176 所示。

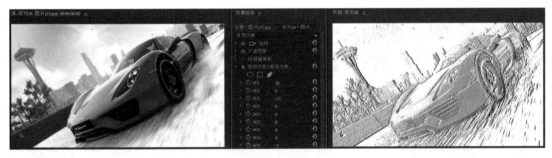

图 8-175

183

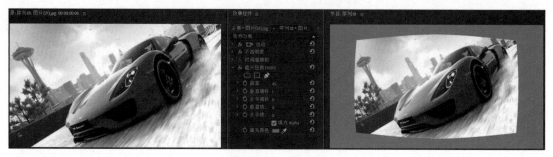

图 8-176

8.22.3 扭曲文件夹

　　【扭曲】文件夹中的视频效果就是对素材的出入点进行几何形体的变形处理。【扭曲】文件夹中包括【扭曲入点】和【扭曲出点】两个视频效果，并已设置好动画参数，如图 8-177 所示。【扭曲】文件夹中的【扭曲入点】效果，如图 8-178 所示。

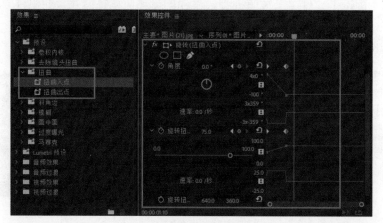

图 8-177

图 8-178

8.22.4 斜角边文件夹

　　【斜角边】文件夹中的视频效果就是为素材添一个照明，使素材产生三维立体倾斜效果。【斜角边】文件夹中包括【厚斜角边】和【薄斜角边】两个视频效果，如图 8-179 所示。【斜角边】文件夹中的【厚斜角边】效果，如图 8-180 所示。

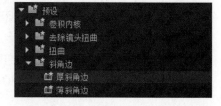

图 8-179

图 8-180

8.22.5 模糊文件夹

【模糊】文件夹中的视频效果就是快速使素材的出入点产生定向模糊的效果。【模糊】文件夹中包括【快速模糊入点】和【快速模糊出点】两个视频效果，并已设置好动画参数，如图 8-181 所示。【模糊】文件夹中的【快速模糊入点】效果，如图 8-182所示。

图 8-181

图 8-182

8.22.6 画中画文件夹

【画中画】文件夹中的视频效果就是将素材以多种不同的方式缩放到画面中，呈现画中画效果。【画中画】文件夹中包括【25% LL】【25% LR】【25% UL】【25% UR】和【25% 运动】5 个子文件夹，里面提供多种不同样式的效果，多个视频效果已设置好动画参数，如图 8-183 所示。【画中画】文件夹中的【画中画 25% UR 旋转入点】效果，如图 8-184 所示。

图 8-183

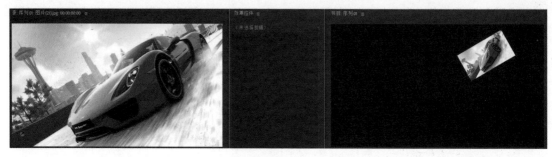

图 8-184

8.22.7 过度曝光文件夹

【过度曝光】文件夹中的视频效果就是
使素材的出入点模拟相机曝光过度的效果。
【过度曝光】文件夹中包括【过度曝光入点】
和【过度曝光出点】两个视频效果，并已设
置好动画参数，如图 8-185 所示。【过度
曝光】文件夹中的【过度曝光入点】效果，
如图 8-186 所示。

图 8-185

图 8-186

8.22.8 马赛克文件夹

【马赛克】文件夹中的视频效果就是调
整素材的出入点为马赛克效果。【马赛克】
文件夹中包括【马赛克入点】和【马赛克出
点】两个视频效果，并已设置好动画参数，
如图 8-187 所示。【马赛克】文件夹中的
【马赛克入点】效果，如图 8-188 所示。

图 8-187

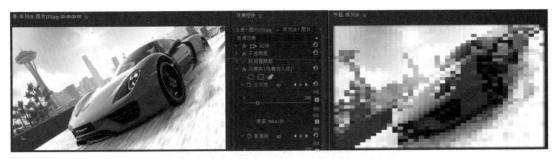

图 8-188

8.23 Lumetri 预设文件夹

【Lumetri 预设】文件夹是 Premiere Pro CC 中新增加的视频效果，可应用预设的颜色分级效果。【Lumetri 预设】文件夹又按照视频效果的颜色、色温、用途和风格等方式，细化分为 4 个文件夹，分别是【Flimstocks】【SpeedLooks】【单色】和【影片】文件夹，如图 8-189 所示。

图 8-189

8.23.1 Flimstocks 文件夹

【Flimstocks】文件夹中的视频效果可调节素材电影胶片颜色色温，文件夹中包括 5 种不同的颜色表达效果，并且可以在右侧查看效果示意图，如图 8-190 所示。【Flimstocks】文件夹中的【Fuji F125 Kodak 2393】效果，如图 8-191 所示。

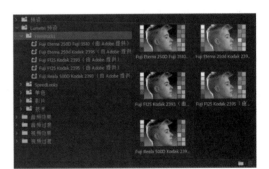

图 8-190

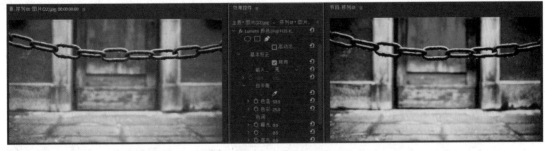

图 8-191

8.23.2 SpeedLooks 文件夹

【SpeedLooks】文件夹中的视频效果可调节素材颜色风格，文件夹中包括【Universal】和【摄像机】两个子文件夹，里面提供了多种不同颜色风格的表达效果，并且可以在右侧查看效果示意图，如图 8-192 所示。【SpeedLooks】文件夹中的【SL 蓝色 Day4Nite(Universal)】效果，如图 8-193 所示。

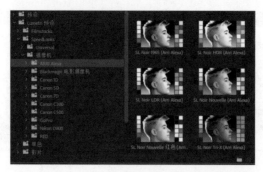

图 8-192

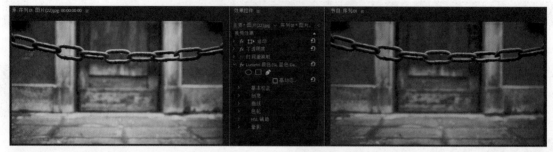

图 8-193

8.23.3 单色文件夹

【单色】文件夹中的视频效果可调节素材黑白化颜色强弱，文件夹中包括 8 种不同的颜色表达效果，并且可以在右侧查看效果示意图，如图 8-194 所示。【单色】文件夹中的【黑白打孔】效果，如图 8-195 所示。

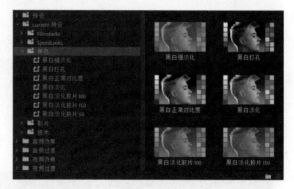

图 8-194

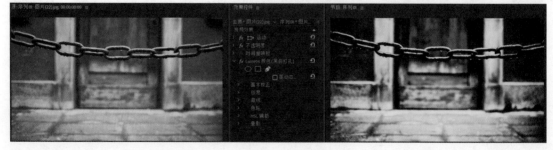

图 8-195

8.23.4 影片文件夹

【影片】文件夹中的视频效果可调节素材颜色饱和度，文件夹中包括 8 种不同的颜色表达效果，并且可以在右侧查看效果示意图，如图 8-196 所示。【影片】文件夹中的【Cinespace 100】

效果，如图 8-197 所示。

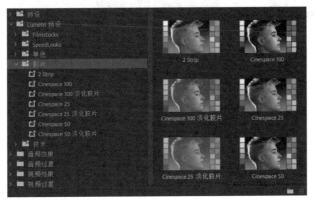

图 8-196

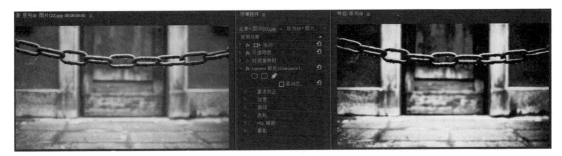

图 8-197

8.23.5　技术文件夹

【技术】文件夹中的视频效果可合理转换
Lumetri 颜色，文件夹中包括 6 种不同的颜色表
达效果，并且可以在右侧查看效果示意图，如
图 8-198 所示。【技术】文件夹中的【合法范
围转换为完整范围 (12 位)】效果，如图 8-199
所示。

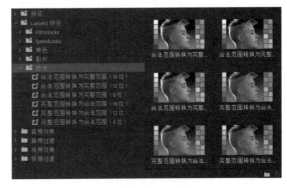

图 8-198

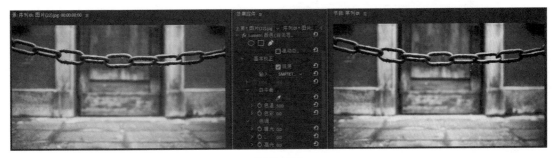

图 8-199

| 8.24　实训案例：热气球

8.24.1　案例目的

素材文件： 素材文件 / 第 08 章 / 热气球 / 热气球 .png、热气球壁纸 01.jpg ~ 热气球壁纸 03.jpg 和背景音乐 .mp3

案例文件： 案例文件 / 第 08 章 / 热气球 .prproj

教学视频： 教学视频 / 第 08 章 / 热气球 .mp4

技术要点： 热气球案例可以使用户加深理解素材【视频效果】文件夹中的【渐变】【粗糙边缘】【高斯模糊】【颜色平衡】【圆形】【轨道遮罩键】【径向擦除】【百叶窗】【裁剪】【镜头光晕】【斜面 Alpha】和【投影】等效果属性特征。

8.24.2　案例思路

(1) 利用【黑场视频】素材和【渐变】效果制作背景。

(2) 利用【粗糙边缘】效果制作边框。

(3) 利用【高斯模糊】和【颜色平衡】效果调整素材颜色。

(4) 利用【圆形】和【轨道遮罩键】效果制作过渡效果。

(5) 利用【径向擦除】【百叶窗】和【裁剪】效果制作过渡效果。

(6) 利用【黑场视频】素材和【镜头光晕】效果制作过渡效果。

(7) 利用【斜面 Alpha】和【投影】效果制作立体字和阴影效果。

8.24.3　制作步骤

1. 设置项目

STEP 1 新建项目，设置项目名称为"热气球"。

STEP 2 创建序列。在【新建序列】对话框中，设置序列格式为【HDV】>【HDV 820p25】，设置【序列名称】为"热气球"。

STEP 3 导入素材。将"热气球 .png""热气球壁纸 01.jpg" ~ "热气球壁纸 03.jpg"和"背景音乐 .mp3"素材导入到项目中，如图 8-200 所示。

2. 设置背景

STEP 1 新建黑场素材。在【项目】面板中，执行右键菜单中的【新建项目】>【黑场视频】命令，如图 8-201 所示。

STEP 2 在弹出的【新建黑场视频】对话框中，单击【确定】按钮，如图 8-202 所示。

图 8-200

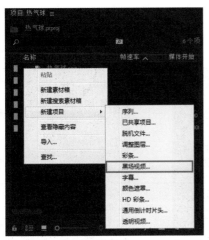

图 8-201

图 8-202

STEP 3 将【项目】面板中的"黑场视频"素材文件，拖曳至视频轨道【V1】上，如图 8-203所示。

STEP 4 为素材添加效果。选中视频轨道【V1】上的"黑场视频"素材文件，双击【效果】面板中的【视频效果】>【生成】>【渐变】效果，如图 8-204 所示。

图 8-203

STEP 5 激活视频轨道【V1】上的"黑场视频"素材文件的【效果控件】面板，设置【渐变】效果的【渐变起点】为 (1280.0,0.0)，【起始颜色】为 (200,0,200)，【渐变终点】为 (0.0,720.0)，【结束颜色】为 (50,150,255)，【渐变形状】为"线性渐变"，如图 8-205 所示。

3. 设置片段一

STEP 1 将【项目】面板中的"热气球壁纸01.jpg"素材文件，拖曳至视频轨道【V2】上，如图 8-206 所示。

STEP 2 选中视频轨道【V2】上的"热气球壁纸01.jpg"素材文件，双击【效果】面板中的【视频效果】>【风格化】>【粗糙边缘】效果、【模糊和锐化】>【高斯模糊】效果、【颜色校正】>【颜色平衡 (HLS)】效果和【过渡】>【径向擦除】效果，如图 8-207 所示。

STEP 3 激活视频轨道【V2】上的"热气球壁纸01.jpg"素材文件的【效果控件】面板，设置【缩放】为 60.0，如图 8-208 所示。

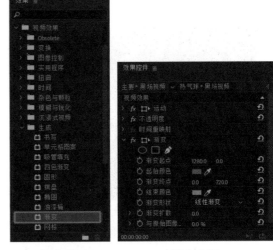

图 8-204　　　　图 8-205

图 8-206

STEP 4 设置【粗糙边缘】效果的【边缘类型】为"粗糙色"，【边缘颜色】为 (255,255,255)，【边框】为 200.00，【边缘锐度】为 5.00，【不规则影响】为 0.00，【比例】为 50.0，如图 8-209 所示。

图 8-207

图 8-208

图 8-209

STEP 5 将【当前时间指示器】移动到 00:00:01:15 位置，设置【高斯模糊】效果的【模糊度】为 0.0；将【当前时间指示器】移动到 00:00:02:06 位置，设置【模糊度】为 100.0，如图 8-210 所示。

STEP 6 将【当前时间指示器】移动到 00:00:01:15 位置，设置【颜色平衡 (HLS)】效果的【亮度】为 0.0，【饱和度】为 0.0；将【当前时间指示器】移动到 00:00:02:06 位置，设置【亮度】为 -50.0，【饱和度】为 -100.0，如图 8-211 所示。

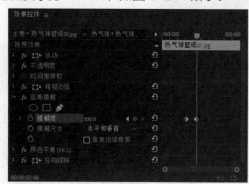

图 8-210

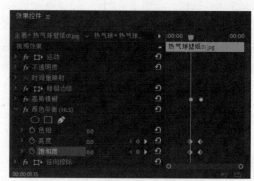

图 8-211

STEP 7 将【当前时间指示器】移动到 00:00:01:15 位置，设置【径向擦除】效果的【过渡完成】为 0%；将【当前时间指示器】移动到 00:00:02:06 位置，设置【过渡完成】为 100%，如图 8-212 所示。

4. 设置片段二

STEP 1 分别将【项目】面板中的"热气球壁纸02.jpg"和"黑场视频"素材文件，拖曳至视频轨道【V3】和【V4】上的 00:00:02:00 位置，如图 8-213 所示。

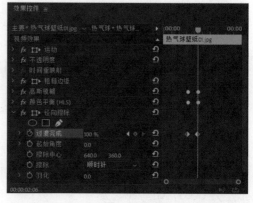

图 8-212

STEP 2 选中视频轨道【V3】上的"热气球壁纸 02.jpg"素材文件,双击【效果】面板中的【视频效果】>【键控】>【轨道遮罩键】效果和【过渡】>【百叶窗】效果,如图 8-214 所示。

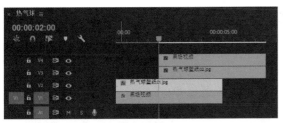

图 8-213

图 8-214

STEP 3 激活"热气球壁纸 02.jpg"素材文件的【效果控件】面板,设置【轨道遮罩键】效果的【遮罩】为"视频 4",如图 8-215 所示。

STEP 4 将【当前时间指示器】移动到 00:00:04:00 位置,设置【百叶窗】效果的【过渡完成】为 0%,【方向】为 45.0°,【宽度】为 30; 将【当前时间指示器】移动到 00:00:04:13 位置,设置【过渡完成】为 100%,如图 8-216 所示。

STEP 5 选中视频轨道【V4】上的"黑场视频"素材文件,双击【效果】面板中的【视频效果】>【生成】>【圆形】效果。

STEP 6 激活"黑场视频"素材文件的【效果控件】面板。将【当前时间指示器】移动到 00:00:02:00 位置,设置【圆形】效果的【中心】为 (900.0,200.0),【半径】为 0.0; 将【当前时间指示器】移动到 00:00:02:16 位置,设置【半径】为 1050.0,如图 8-217 所示。

图 8-215

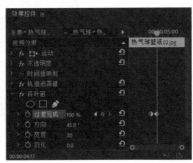

图 8-216

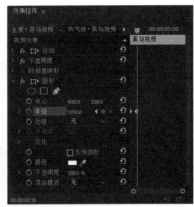

图 8-217

STEP 7 将【项目】面板中的"热气球壁纸 03.jpg"素材文件,拖曳至视频轨道【V2】上的 00:00:03:00 位置,并将视频轨道【V1】~【V4】上素材的出点位置调整到 00:00:06:00 位置,如图 8-218 所示。

5. 设置片段三

图 8-218

STEP 1 激活【时间轴】面板,执行菜单【图形】>【新建图层】>【文本】命令,然后在【节目监视器】面板中输入"热气球"和"Hot Air Balloon",如图 8-219 所示。

STEP 2 选中文本内容，在【效果控件】面板中，设置文本的【字体】为"微软雅黑"，【字体样式】为"粗体"，【字体大小】为 80，【对齐方式】为"左对齐文本"，【填充】为 (255,255,255)，【位置】为 (140.0,360.0)，如图 8-220 所示。

图 8-219

图 8-220

STEP 3 分别将【项目】面板中的"热气球 .png"素材文件和视频轨道【V1】上的"热气球 Hot Air Balloon"文本素材文件，拖曳至视频轨道【V2】和【V3】上的 00:00:06:00 位置，如图 8-221 所示。

STEP 4 选中视频轨道【V2】上的"热气球 .png"素材文件，双击【效果】面板中的【视频效果】>【透视】>【投影】效果。

图 8-221

STEP 5 激活"热气球 .png"素材文件的【效果控件】面板。将【当前时间指示器】移动到 00:00:06:00 位置，设置【位置】为 (950.0,700.0)，【缩放】为 40.0，【旋转】为 -12.0°；将【当前时间指示器】移动到 00:00:06:20 位置，设置【位置】为 (920.0,340.0)，如图 8-222 所示。

STEP 6 设置【投影】效果的【方向】为 150.0°，【距离】100.0，【柔和度】为 150.0，如图 8-223 所示。

图 8-222

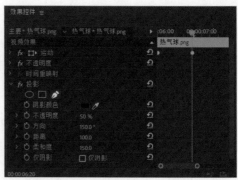

图 8-223

STEP 7 选中视频轨道【V3】上的"热气球 Hot Air Balloon"文本素材文件，双击【效果】面板中的【视频效果】>【透视】>【斜面 Alpha】效果和【变换】>【裁剪】效果，如图 8-224 所示。

STEP 8 设置【斜面 Alpha】效果的【边缘厚度】为 10.00，【光照颜色】为 (0,170,255)，【光照强度】为 1.00，如图 8-225 所示。

STEP 9 将【当前时间指示器】移动到 00:00:06:00 位置，设置【裁剪】效果的【右侧】为95.0%；将【当前时间指示器】移动到 00:00:06:20 位置，设置【右侧】为 0.0%，如图 8-226 所示。

图 8-224　　　　　图 8-225　　　　　图 8-226

6. 设置过渡

STEP 1 分别将【项目】面板中的"黑场视频"和"背景音乐 .mp3"素材文件，拖曳至视频轨道【V5】上的 00:00:05:00 位置和音频轨道【A1】上的 00:00:00:00 位置。并将视频轨道【V1】~【V3】和【V5】上素材的出点位置与音频轨道出点位置对齐，如图 8-227 所示。

图 8-227

STEP 2 选中视频轨道【V5】上的"黑场视频"素材文件，双击【效果】面板中的【视频效果】>【生成】>【镜头光晕】效果。

STEP 3 激活视频轨道【V5】上的"黑场视频"素材文件的【效果控件】面板，设置【不透明度】的【混合模式】为"滤色"，如图 8-228 所示。

STEP 4 制作扫光效果。将【当前时间指示器】移动到 00:00:05:14 位置，设置【镜头光晕】效果的【光晕中心】为 (-160.0,320.0)，【光晕亮度】为 0%；将【当前时间指示器】移动到 00:00:06:00 位置，【光晕中心】为 (640.0,320.0)，【光晕亮度】为 240%；将【当前时间指示器】移动到 00:00:06:07 位置，【光晕中心】为 (1430.0,320.0)，【光晕亮度】为 0%，如图 8-229 所示。

图 8-228

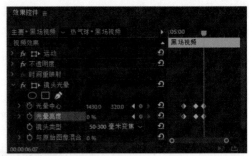

图 8-229

STEP 5 在【节目监视器】面板中可查看最终动画效果，如图 8-230 所示。

图 8-230

第 9 章

过渡效果

视频过渡又称为视频切换或过渡特效，指镜头与镜头之间的过渡衔接。视频过渡就是前一个素材逐渐消失，后一个素材逐渐显现的过程。使用过渡效果可以使镜头组接得更细微或更具有风格化。视频过渡就是对两个视频素材之间进行过渡处理。Premiere Pro CC 中提供了大量的视频过渡效果以供使用。

9.1 视频过渡效果概述

过渡效果是对两个素材之间进行过渡处理，也可以作用于单个素材的入点或出点位置。Premiere Pro CC 中提供了大量的视频过渡效果，并根据它们类型、特点的不同，分别放置在 8 个文件夹中。这 8 个文件夹是【3D 运动】【划像】【擦除】【沉浸式视频】【溶解】【滑动】【缩放】和【页面剥落】，如图 9-1 所示。这些效果可使视频素材之间产生特殊的过渡效果，以达到制作需求。

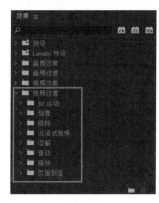

图 9-1

9.2 编辑视频过渡效果

Premiere Pro CC 中的视频效果与视频过渡效果是有区别的，虽然有些效果处理后的画面效果相同，但在制作技巧上略有不同。前者是对单个视频素材进行效果变化处理，后者主要是对两个视频素材之间的过渡效果进行处理。

9.2.1 添加过渡效果

添加过渡效果，只需将过渡效果拖曳至相邻两个素材之间即可，如图 9-2 所示。

图 9-2

9.2.2 替换过渡效果

替换视频过渡效果，只需要将新的过渡效果覆盖在原有的过渡效果之上即可，不必清除原有的过渡效果，如图 9-3 所示。

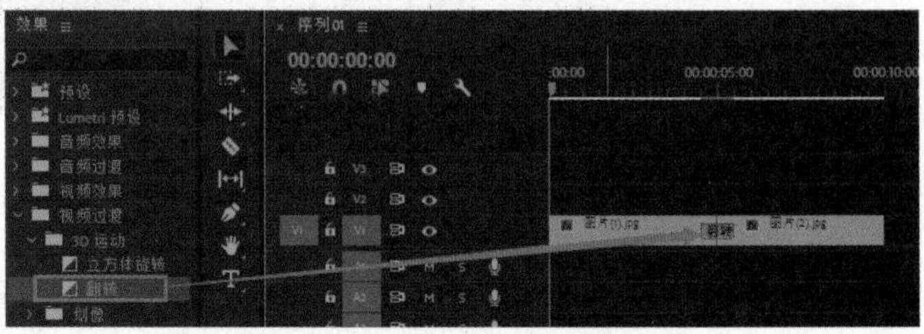

图 9-3

实践操作 **替换过渡效果**

素材文件： 素材文件 / 第 09 章 / 图片 (1).jpg、图片 (2).jpg

案例文件： 案例文件 / 第 09 章 / 替换过渡效果 .prproj

教学视频： 教学视频 / 第 09 章 / 替换过渡效果 .mp4

技术要点： 掌握替换过渡效果的方法。

STEP 1 将【项目】面板中的"图片 (1).jpg"和"图片 (2).jpg"素材拖曳至视频轨道【V1】上，并添加【效果】面板中的【视频过渡】>【划像】>【圆划像】效果，如图 9-4 所示。

STEP 2 将【视频过渡】>【划像】>【菱形划像】效果，拖曳至刚刚添加【圆划像】效果的位置，替换原过渡效果，如图 9-5 所示。

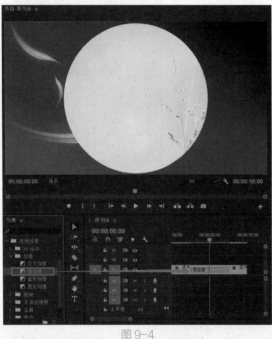

图 9-4

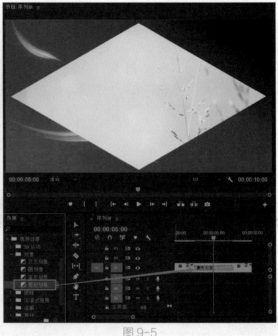

图 9-5

9.2.3 查看或修改过渡效果

在【效果控件】面板中，可以查看或修改视频过渡效果，以满足制作需要，如图 9-6 所示。

※ 参数详解

【播放过渡】：单击播放按钮可预览过渡效果。

【持续时间】：设置过渡效果持续时间。

【开始/结束】：设置开始和结束的百分比。

【显示实际源】：显示过渡的图片。

【边框宽度】：可以调整过渡效果的边框宽度。默认为 0.0，即无边框。

【边框颜色】：设置过渡效果的边框颜色。

【反向】：勾选该复选框，运动效果将反向运行。

【消除锯齿品质】：调整过渡效果边缘的平滑程度。

【对齐】：设置过渡效果的对齐方式。视频过渡效果的作用区域是可以自由调整的，可以将过渡效果偏向于某个素材方向，包括【中心切入】【起点切入】【终点切入】和【自定义起点】4 个选项，如图 9-7 所示。

【中心切入】：添加过渡效果到两个素材的中间处，此方式为默认对齐方式。

【起点切入】：添加过渡效果到第二个的开始位置。

【终点切入】：添加过渡效果到第一个的结束位置。

【自定义起点】：通过拖曳鼠标自定义过渡效果开始和结束的位置。

图 9-6

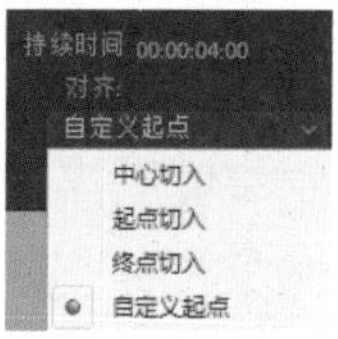

图 9-7

实践操作　修改过渡效果

素材文件： 素材文件 / 第 09 章 / 图片 (1).jpg、图片 (2).jpg

案例文件： 案例文件 / 第 09 章 / 修改过渡效果 .prproj

教学视频： 教学视频 / 第 09 章 / 修改过渡效果 .mp4

技术要点： 掌握修改过渡效果的方法。

STEP 1 将【项目】面板中的"图片 (1).jpg"和"图片 (2).jpg"素材文件拖曳至视频轨道【V1】上，并添加【效果】面板中的【视频过渡】>【擦除】>【棋盘擦除】过渡效果，如图 9-8 所示。单击素材之间的【棋盘擦除】过渡效果，激活【效果控件】面板，查看效果参数。

STEP 2 在【效果控件】面板中，设置【边缘选择器】为"自东南向西北"，【开始】为 20.0，【结束】为 80.0，勾选【显示实际源】复选框，设置【边框宽度】为 5.0，【边框颜色】为 (0,255,30)，勾选【反向】复选框，如图 9-9 所示。

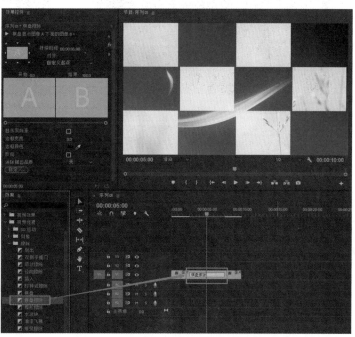

图 9-8

STEP 3 单击【自定义】按钮，在【带状滑动设置】对话框中，设置【水平切片】为5，【垂直切片】为5，如图9-10所示。

图 9-9

图 9-10

9.2.4 修改持续时间

视频过渡效果的持续时间是可以自由调整的，常用的方法有5种。

★ 在【效果控件】面板中直接修改数值，或拖曳【当前时间指示器】改变数值，如图9-11所示。

★ 对【效果控件】面板中的过渡效果边缘进行拖曳，以改变过渡效果的持续时间，如图9-12所示。

图 9-11

★ 对【时间轴】面板中的过渡效果边缘进行拖曳，以加长或缩短过渡效果的持续时间，如图9-13所示。

★ 在【时间轴】面板中的过渡效果处，执行右键菜单中的【设置过渡持续时间】命令。

★ 双击【时间轴】面板中的过渡效果，在弹出的【设置过渡持续时间】对话框中修改持续时间。

图 9-12

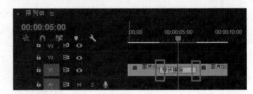

图 9-13

9.2.5 删除过渡效果

删除视频过渡效果，只需在视频过渡效果上执行右键菜单中的【清除】命令即可，或选中序列中的过渡效果按 Delete 键。

9.3 3D 运动类视频过渡效果

模拟 3D 运动类视频过渡效果主要是模拟在三维空间中，使素材在空间中产生变换的效果。【3D 运动】文件夹中包含两个视频过渡效果，分别是【立方体旋转】过渡效果和【翻转】过渡效果，如图9-14所示。

图 9-14

9.3.1　立方体旋转

【立方体旋转】过渡效果是模拟素材为立方体相邻的两面，以立方体的转动从而产生素材切换的过渡效果，如图 9-15 所示。

图 9-15

9.3.2　翻转

【翻转】过渡效果是模拟素材为面片的两面，以水平或垂直方向翻转从而产生素材切换的过渡效果，如图 9-16 所示。

图 9-16

※ 参数详解

【自定义】：单击该按钮会弹出【翻转设置】对话框，如图 9-17 所示。

【带】：设置翻转条数量。

【填充颜色】：设置翻转时背景的颜色。

图 9-17

9.4　划像类视频过渡效果

划像类视频过渡效果是第一个素材以某种形状划像而出，逐渐显示第二个素材的过渡效果。【划像】文件夹中包含 4 个视频过渡效果，分别是【交叉划像】【圆划像】【盒形划像】和【菱形划像】，如图 9-18 所示。

图 9-18

> **技　巧**
>
> 在【效果控件】面板中，通过预览划像类视频过渡效果，可以调整预览中光圈的位置，更改划像切换点的位置，如图 9-19 所示。

9.4.1　交叉划像

【交叉划像】过渡效果是第二个素材以十字的形状，从画面中心由小到大逐渐覆盖第一个素材的过渡效果，如图 9-20 所示。

图 9-19

图 9-20

9.4.2 圆划像

【圆划像】过渡效果是第二个素材以圆形的形状，从画面中心由小到大逐渐覆盖第一个素材的过渡效果，如图 9-21 所示。

图 9-21

实践操作 **圆划像**

素材文件： 素材文件 / 第 09 章 / 圆形画卷 01.jpg、圆形画卷 02.jpg
案例文件： 案例文件 / 第 09 章 / 圆划像 .prproj
教学视频： 教学视频 / 第 09 章 / 圆划像 .mp4
技术要点： 掌握应用【圆划像】过渡效果的方法。

STEP 1 将【项目】面板中的"圆形画卷 01.jpg"和"圆形画卷 02.jpg"素材文件拖曳至视频轨道【V1】上，如图 9-22 所示。

STEP 2 将【效果】面板中的【视频过渡】>【划像】>【圆划像】过渡效果添加到素材之间，如图 9-23所示。

图 9-22   图 9-23

STEP 3 在【节目监视器】面板中查看效果，如图 9-24 所示。

图 9-24

9.4.3 盒形划像

【盒形划像】过渡效果是第二个素材以矩形的形状，从画面中心由小到大逐渐覆盖第一个素材的过渡效果，如图 9-25 所示。

图 9-25

9.4.4 菱形划像

【菱形划像】过渡效果是第二个素材以菱形的形状，从画面中心由小到大逐渐覆盖第一个素材的过渡效果，如图 9-26 所示。

图 9-26

9.5 擦除类视频过渡效果

擦除类视频过渡效果是以多种不同的形式逐渐擦除第一个素材，逐渐显示第二个素材的过渡效果。【擦除】文件夹中包含 17 个视频过渡效果，分别是【划出】【双侧平推门】【带状擦除】【径向擦除】【插入】【时钟式擦除】【棋盘】【棋盘擦除】【楔形擦除】【水波块】【油漆飞溅】【渐变擦除】【百叶窗】【螺旋框】【随机块】【随机擦除】和【风车】，如图 9-27 所示。

9.5.1 划出

【划出】过渡效果是第二个素材从画面一侧向另一侧划出，直到覆盖住第一个素材，占满整个屏幕画面的过渡效果，如图 9-28 所示。

图 9-27

图 9-28

9.5.2 双侧平推门

【双侧平推门】过渡效果是模拟自动门的效果，第二个素材从画面两侧向中心擦出，直到覆盖住第一个素材，占满整个屏幕画面的过渡效果，如图 9-29 所示。

图 9-29

9.5.3 带状擦除

【带状擦除】过渡效果是第二个素材以矩形条带的形状从画面左右两侧擦除，逐渐覆盖第一个素材，占满整个屏幕画面的过渡效果，如图 9-30 所示。

图 9-30

9.5.4 径向擦除

【径向擦除】过渡效果是第二个素材以屏幕某一角作为圆心，逐渐擦除第一个素材显现第二个素材的过渡效果，如图 9-31 所示。

图 9-31

9.5.5 插入

【插入】过渡效果是第二个素材从屏幕某一角插入，并且第二个素材以矩形形状逐渐放大，直到覆盖住第一个素材，占满整个屏幕画面的过渡效果，如图 9-32 所示。

图 9-32

9.5.6 时钟式擦除

【时钟式擦除】过渡效果是第二个素材以屏幕中心作为圆心，以表针旋转的方式逐渐擦除第一个素材显现第二个素材的过渡效果，如图 9-33 所示。

图 9-33

9.5.7 棋盘

【棋盘】过渡效果是将屏幕分成若干个小矩形，第二个素材以小矩形的形式逐渐覆盖第一个素材，占满整个屏幕画面的过渡效果，如图 9-34 所示。

图 9-34

9.5.8 棋盘擦除

【棋盘擦除】过渡效果是将屏幕分成若干个小矩形，第二个素材以小矩形的形式逐渐擦除第一个素材，占满整个屏幕画面的过渡效果，如图 9-35 所示。

图 9-35

9.5.9 楔形擦除

【楔形擦除】过渡效果是第二个素材在屏幕中心，以扇形展开的方式逐渐覆盖第一个素材，占满整个屏幕画面的过渡效果，如图 9-36 所示。

图 9-36

9.5.10 水波块

【水波块】过渡效果是第二个素材以水波条带的形式，从屏幕左上方以"Z"字形逐行擦除到屏幕右下方，直到占满整个屏幕画面的过渡效果，如图 9-37 所示。

图 9-37

9.5.11 油漆飞溅

【油漆飞溅】过渡效果是第二个素材以油漆染料泼洒飞溅出的形状，逐渐覆盖第一个素材，占满整个屏幕画面的过渡效果，如图 9-38 所示。

图 9-38

9.5.12 渐变擦除

【渐变擦除】过渡效果是第二个素材擦除整个画面，并使用所选择灰度图像的亮度值确定替换第一个素材图像区域的过渡效果，如图 9-39 所示。

图 9-39

※ 参数详解

【自定义】：单击播放按钮可弹出【渐变擦除设置】对话框，如图 9-40 所示。

【选择图像】：设置一张图片为渐变擦除的条件。

【柔和度】：设置过渡效果灰度的粗糙程度。

图 9-40

> **技 巧**
>
> 在应用【渐变擦除】过渡效果时，通过设置过渡图片，可以控制画面过渡的效果。

9.5.13 百叶窗

【百叶窗】过渡效果是模拟百叶窗逐渐打开的样式，第二个素材逐渐覆盖第一个素材，占满整个屏幕画面的过渡效果，如图 9-41 所示。

图 9-41

9.5.14 螺旋框

【螺旋框】过渡效果是第二个素材以螺旋状旋转的形式，逐渐覆盖第一个素材，占满整个屏幕画面的过渡效果，如图 9-42 所示。

图 9-42

9.5.15 随机块

【随机块】过渡效果是第二个素材以随机的小矩形块的形式，逐渐擦除第一个素材，占满整个屏幕画面的过渡效果，如图 9-43 所示。

图 9-43

9.5.16 随机擦除

【随机擦除】过渡效果是第二个素材以随机小矩形块的形式，由上到下逐行擦除第一个素材，占满整个屏幕画面的过渡效果，如图 9-44 所示。

图 9-44

9.5.17 风车

【风车】过渡效果是第二个素材以风车旋转的方式，逐渐覆盖第一个素材，占满整个屏幕画面的过渡效果，如图 9-45 所示。

图 9-45

实践操作 风车

素材文件： 素材文件 / 第 09 章 / 风车 01.jpg、风车 02.jpg

案例文件： 案例文件 / 第 09 章 / 风车 .prproj

教学视频： 教学视频 / 第 09 章 / 风车 .mp4

技术要点： 掌握应用【风车】过渡效果的方法。

STEP 1 将【项目】面板中的"风车 01.jpg"和"风车
02.jpg"素材文件拖曳至视频轨道【V1】上，如图 9-46
所示。

STEP 2 将【效果】面板中的【视频过渡】>【擦除】>【风
车】过渡效果添加到素材之间，如图 9-47 所示。

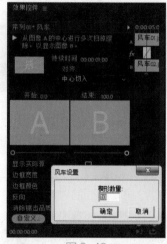

STEP 3 激活【风车】效果的【效果控件】面板，单击【自
定义】按钮，在【风车设置】对话框中，设置【楔形数量】为 10，如图 9-48 所示。

图 9-46

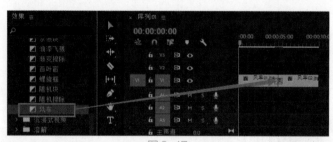

图 9-47

图 9-48

STEP 4 在【节目监视器】面板中查看效果，如图 9-49 所示。

图 9-49

9.6 沉浸式视频类视频过渡效果

沉浸式视频类视频过渡效果主要是为沉浸式视频之间添加过渡效果。【沉浸式视频】文件夹中包含 8 个过渡效果,分别是【VR 光圈擦除】【VR 光线】【VR 渐变擦除】【VR 漏光】【VR 球形模糊】【VR 色度泄漏】【VR 随机块】和【VR 默认乌斯缩放】,如图 9-50 所示。

图 9-50

9.7 溶解类视频过渡效果

溶解类视频过渡效果是第一个素材逐渐淡出,第二个素材逐渐显现的过渡效果。【溶解】文件夹中包含 7 个视频过渡效果,分别是【MorphCut】【交叉溶解】【叠加溶解】【渐隐为白色】【渐隐为黑色】【胶片溶解】和【非叠加溶解】,如图 9-51 所示。

图 9-51

9.7.1 ▶ MorphCut

【MorphCut】过渡效果是让两个剪辑素材之间进行融合过渡,做到无缝剪辑的目的,使视频中的跳切镜头过渡得更为流畅,如图 9-52 所示。

图 9-52

9.7.2 ▶ 交叉溶解

【交叉溶解】过渡效果是第一个素材淡出的同时,第二个素材逐渐显现的过渡效果,如图 9-53 所示。这也是常用的效果之一,是默认的过渡效果。

图 9-53

实践操作 交叉溶解

素材文件: 素材文件 / 第 09 章 / 雷神 01.jpg ~ 雷神 04.jpg
案例文件: 案例文件 / 第 09 章 / 交叉溶解 .prproj
教学视频: 教学视频 / 第 09 章 / 交叉溶解 .mp4

技术要点：掌握应用【交叉溶解】过渡效果的方法。

STEP 1 ▶ 将【项目】面板中的"雷神 01.jpg ~ 雷神 04.jpg"素材文件拖曳至视频轨道【V1】上，如图 9-54 所示。

STEP 2 ▶ 将【效果】面板中的【视频过渡】>【溶解】>【交叉溶解】过渡效果添加到素材"雷神 01.jpg"和"雷神 02.jpg"素材之间，如图 9-55 所示。

图 9-54

图 9-55

STEP 3 ▶ 将鼠标指针移动到素材"雷神 02.jpg"和"雷神 03.jpg"之间的编辑点处，并执行右键菜单中的【应用默认过渡】命令，如图 9-56 所示。

STEP 4 ▶ 激活素材"雷神 03.jpg"和"雷神 04.jpg"之间的编辑点，并按 Ctrl+D 键，如图 9-57 所示。

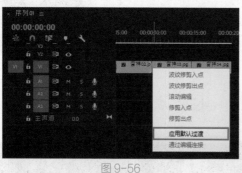
图 9-56

图 9-57

STEP 5 ▶ 在【节目监视器】面板中查看效果，如图 9-58 所示。

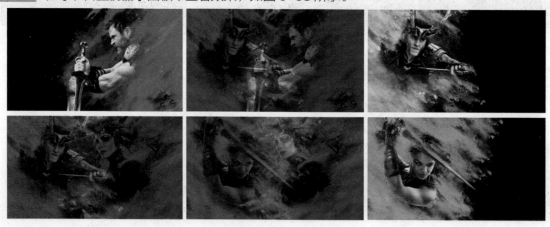
图 9-58

9.7.3 叠加溶解

　　【叠加溶解】过渡效果是第一个素材变亮曝光叠化渐变到第二个素材的过渡效果，如图 9-59 所示。

图 9-59

9.7.4 渐隐为白色

【渐隐为白色】过渡效果是第一个素材逐渐淡化到白色，然后再从白色渐变到第二个素材的过渡效果，如图 9-60 所示。

图 9-60

9.7.5 渐隐为黑色

【渐隐为黑色】过渡效果是第一个素材逐渐淡化到黑色，然后再从黑色渐变到第二个素材的过渡效果，如图 9-61 所示。

图 9-61

9.7.6 胶片溶解

【胶片溶解】过渡效果是使第一个素材产生胶片朦胧的效果，然后再渐变到第二个素材的过渡效果，如图 9-62 所示。该过渡效果比【交叉溶解】过渡效果的画质更为细腻。

图 9-62

9.7.7 非叠加溶解

【非叠加溶解】过渡效果是将第二个素材高亮的部分直接叠加到第一个素材上，然后再渐变到第二个素材的过渡效果，如图 9-63 所示。

图 9-63

9.8 滑动类视频过渡效果

滑动类视频过渡效果是素材之间以多种不同的形式滑入滑出的过渡效果。【滑动】文件夹中包含 5 个视频过渡效果，分别是【中心拆分】【带状滑动】【拆分】【推】和【滑动】，如图 9-64 所示。

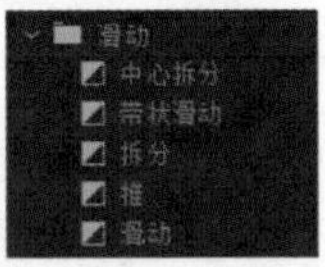

图 9-64

9.8.1 中心拆分

【中心拆分】过渡效果是将第一个素材从中心分裂成四块，并向屏幕四角滑动移出，从而显现第二个素材的过渡效果，如图 9-65 所示。

图 9-65

9.8.2 带状滑动

【带状滑动】过渡效果是第二个素材以矩形条带的形状从画面左右两侧滑入，逐渐覆盖第一个素材，占满整个屏幕画面的过渡效果，如图 9-66 所示。

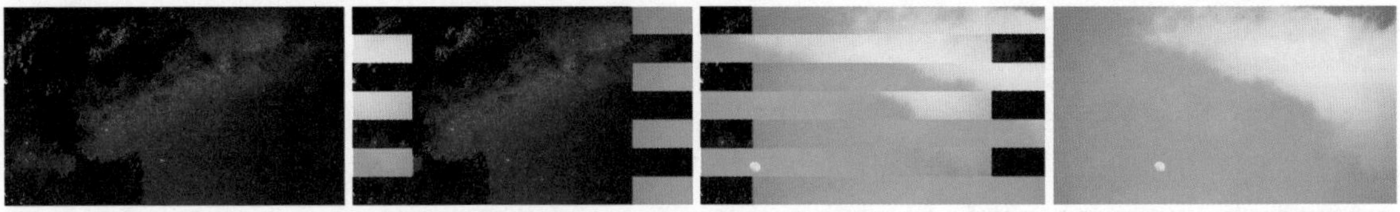

图 9-66

9.8.3 拆分

【拆分】过渡效果是将第一个素材从中心分裂成两块，并向屏幕两侧滑动移出，从而显现第二个素材的过渡效果，如图 9-67 所示。

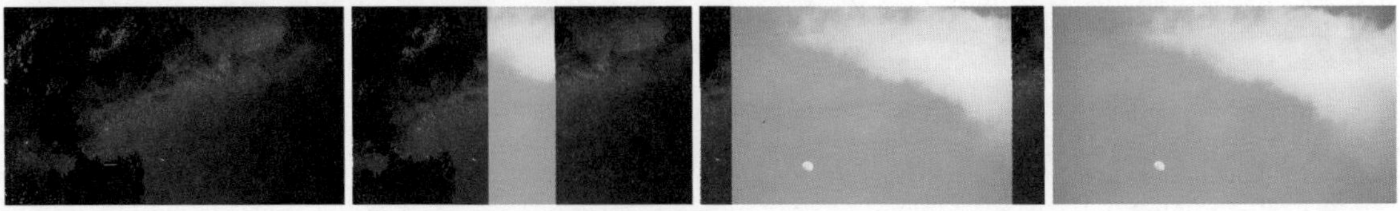

图 9-67

9.8.4 推

【推】过渡效果是从屏幕一侧利用第二个素材将第一个素材推到屏幕另一侧的过渡效果，如图 9-68 所示。

图 9-68

9.8.5 滑动

【滑动】过渡效果是将第二个素材从屏幕一侧滑入，逐渐覆盖第一个素材，占满整个屏幕画面的过渡效果，如图 9-69 所示。

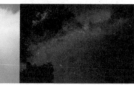

图 9-69

9.9 缩放类视频过渡效果

缩放类视频过渡效果是素材间以缩放的形式进行过渡的效果。【缩放】文件夹中只包含 1 个视频过渡效果，就是【交叉缩放】，如图 9-70 所示。

图 9-70

【交叉缩放】过渡效果是将第二个素材从屏幕中心逐渐放大，逐渐覆盖第一个素材，占满整个屏幕画面的过渡效果，如图 9-71 所示。

图 9-71

9.10 页面剥落类视频过渡效果

页面剥落类视频过渡效果主要是模拟书籍翻页的效果。【页面剥落】文件夹中包含两个视频过渡效果，分别是【翻页】过渡效果和【页面剥落】过渡效果，如图 9-72 所示。

图 9-72

9.10.1 翻页

【翻页】过渡效果是将第一个素材从屏幕一角翻起，从而显现第二个素材的过渡效果。卷起后的背面显示第一个素材的颠倒画面，但不显示卷曲效果，如图 9-73 所示。

图 9-73

9.10.2 页面剥落

【页面剥落】过渡效果是将第一个素材像翻书页一样从屏幕一角翻起，从而显现第二个素材的过渡效果，如图 9-74 所示。

图 9-74

9.11 实训案例：西部世界

9.11.1 案例目的

素材文件： 素材文件 / 第 09 章 / 西部世界 / 西部世界 (1).jpg ～西部世界 (5).jpg、标题 .png、背景 .jpg、西部世界 .mp3

案例文件： 案例文件 / 第 09 章 / 西部世界 .prproj

教学视频： 教学视频 / 第 09 章 / 西部世界 .mp4

技术要点： 西部世界案例可以使用户加深理解视频过渡效果的应用方法。

9.11.2 案例思路

(1) 在【项目】面板中，设置素材持续时间。

(2) 使用【推】效果制作出现标题。

(3) 使用【时钟式擦除】效果和【划像】文件夹中的效果设置过渡效果。

(4) 设置过渡效果属性。

9.11.3 制作步骤

1. 设置项目

STEP 1 新建项目，设置项目名称为"西部世界"。

STEP 2 创建序列。在【新建序列】对话框中，设置序列格式为【HDV】>【HDV 720p25】，设置【序列名称】为"西部世界"。

STEP 3 导入素材。将"西部世界 (1).jpg"～"西部世界 (5).jpg""标题 .png""背景 .jpg"和"西部世界 .mp3"素材导入到项目中，如图 9-75 所示。

2. 设置片头

STEP 1 选择【项目】面板中的"标题 .png"和"背景 .jpg"素材，执行右键菜单中的【速度 / 持续时间】命令，设置【持续时间】为 00:00:03:00，如图 9-76 所示。

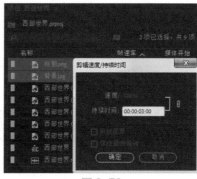

图 9-75   图 9-76

STEP 2 选择【项目】面板中的"西部世界 (1).jpg"~"西部世界 (5).jpg"素材，执行右键菜单中的【速度 / 持续时间】命令，设置【持续时间】为 00:00:02:00，如图 9-77 所示。

STEP 3 将【项目】面板中的"背景 .jpg"和"标题 .png"素材文件，分别拖曳至视频轨道【V1】和【V2】上，如图 9-78 所示。

STEP 4 激活"标题 .png"素材的【效果控件】面板，设置【运动】效果的【位置】为 (640.0，600.0)，如图 9-79 所示。

图 9-77   图 9-78   图 9-79

STEP 5 将【效果】面板中的【视频过渡】>【滑动】>【推】效果，添加到"标题 .png"素材的入点位置上，如图 9-80 所示。

STEP 6 单击素材上的【推】效果，激活【效果控件】面板，设置【边缘选择器】为"自南向北"，【持续时间】为 00:00:01:10，如图 9-81 所示。

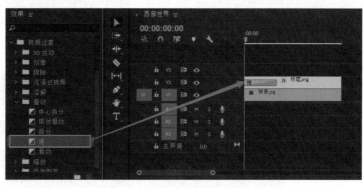

图 9-80

STEP 7 选择视频轨道中的素材，执行右键菜单中的【嵌套】命令，如图 9-82 所示。

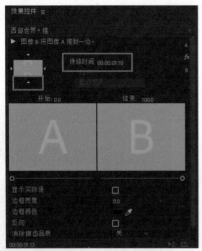

图 9-81

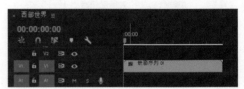

图 9-82

3. 设置过渡效果

STEP 1 将【当前时间指示器】移动到 00:00:02:00 位置，将【项目】面板中的"西部世界 (1).jpg"~ "西部世界 (5).jpg"素材文件，拖曳至视频轨道【V1】上的 00:00:02:00 位置，如图 9-83 所示。

图 9-83

STEP 2 激活【效果】面板，将【视频过渡】>【擦除】>【时钟式擦除】效果拖曳至"嵌套序列 01"和"西部世界 (1).jpg"素材之间，如图 9-84 所示。

STEP 3 激活【效果】面板，将【视频过渡】>【划像】文件夹中的过渡效果，依次拖曳至序列中的"西部世界 (1).jpg"~"西部世界 (5).jpg"素材之间，如图 9-85 所示。

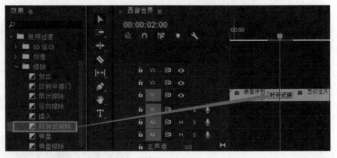

图 9-84

图 9-85

STEP 4 在序列出点位置上，执行右键菜单中的【应用默认过渡】命令，如图 9-86 所示。

STEP 5 激活【圆划像】效果的【效果控件】面板，勾选【显示实际源】复选框，将【中心点】调整到素材角色头部，【边框宽度】为 5.0，【边框颜色】为 (255,0,0)，勾选【反向】复选框，如图 9-87 所示。

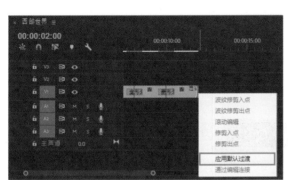

图 9-86

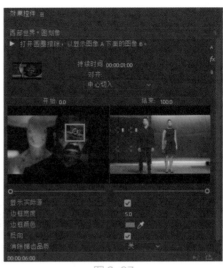

图 9-87

STEP 6 将【项目】面板中的"西部世界.mp3"素材文件，拖曳至音频轨道【A1】上，如图 9-88 所示。

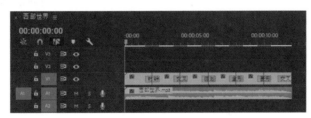

图 9-88

STEP 7 在【节目监视器】面板中查看最终动画效果，如图 9-89 所示。

图 9-89

第 10 章
音频效果

人类能够听到的所有声音都称之为音频。影视作品都是声画结合的产物，因此，声音是影视作品中必不可少的一部分。影片中的声音具有模拟真实、表达思想、烘托气氛的作用。Premiere Pro CC 具有强大的音频处理功能，可以编辑音频素材，添加特殊效果。

10.1 数字音频基础知识

Premiere Pro CC 中所使用的音频文件都属于数字音频文件，是计算机以数据的形式将电信号转化成二进制数据形式保存的。每个含有音频的文件都包含许多专业的音频信息，如图 10-1 所示。人耳可以听到的声音频率在 20Hz ~ 20kHz 之间的声波。了解这些相关的音频知识，可以更有效地对音频文件进行编辑和使用。

图 10-1

10.1.1 采样率

采样率就是采用一段音频，作为样本。简单地说就是通过波形采样的方法记录时长为一秒的声音需要多少个数据。最常用的采样率是 44.1kHz，它的意思是每秒取样 44100 次。原则上采样率越高，声音的质量越好。

10.1.2 比特率

比特率是指每秒传送的比特 (bit) 数。单位为 bps(bit per second)，比特率越高，传送数据速度越快。声音中的比特率是指将模拟声音信号转换成数字声音信号后，单位时间内的二进制数据量，它也是间接衡量音频质量的一个指标。

16 比特就是指把波形的振幅划为 2^{16} 即 65536 个等级，根据模拟信号的轻响把它划分到某个等级中去，就可以用数字来表示了。和采样率一样，比特率越高，越能细致地反映乐曲的轻响变化。

10.1.3 声道

声道 (sound channel) 是指声音在录制或播放时，在不同空间位置采集或播放的相互独立的音频信号，所以声道数也就是声音录制时的音源数量或播放时相应的扬声器数量。声卡所支持的声道数是衡量声卡档次的重要指标之一，从单声道到最新的环绕立体声。

10.1.4 单声道

单声道是比较原始的声音复制形式，早期的声卡采用的比较普遍。当通过两个扬声器回放单声道信息时，我们可以明显感觉到声音是从两个音箱中间传递到我们耳朵里的。

10.1.5 立体声

立体声就是声音在录制过程中被分配到两个独立的声道，从而达到了很好的声音定位效果。这种技术在音乐欣赏中显得尤为有用，听众可以清晰地分辨出各种乐器来自的方向，从而使音乐更富想象力，更加接近于临场感受。

10.1.6 5.1 声道

5.1 声道已广泛运用于各类传统影院和家庭影院中，一些比较知名的声音录制压缩格式，例如，杜比 AC-3(Dolby Digital)、DTS 等都是以 5.1 声音系统为技术蓝本的，其中 ".1" 声道，则是一个专门设计的超低音声道，这一声道可以产生频响范围 20Hz ～ 120Hz 的超低音。

10.2 编辑音频效果

Premiere Pro CC 中提供了音频编辑工具和大量的音频效果。这些效果主要放置在【音频效果】和【音频过渡】两个文件夹下，处理方式与视频效果类似，方便操作编辑。

10.2.1 添加音频效果

为素材添加音频效果的方法与视频类似，常用的方法有 3 种。

* 将效果拖曳至素材上，如图 10-2 所示。
* 将效果拖曳至【效果控件】面板中。
* 选中素材后双击需要的音频效果。

图 10-2

10.2.2 修改音频效果

添加音频效果后就要修改参数，以达到所需的效果，如图 10-3 所示。

10.2.3 音频效果属性动画

修改音频效果属性参数添加动画关键帧，可以使声音产生变化效果，如图 10-4 所示。

图 10-3

图 10-4

10.2.4 复制音频效果

可以将一个素材添加的音频效果复制到另一个素材上，并且参数保持不变。也可以将音频效果继续复制到其本身上，添加多个相同的音频效果，如图 10-5 所示。

10.2.5 移除音频效果

可以将不需要的音频效果移除。在【效果控件】面板中，选择一个或多个效果，执行右键菜单中的【清除】命令，或直接按 Delete 键即可，如图 10-6 所示。

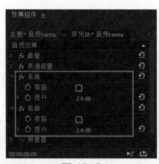

图 10-5

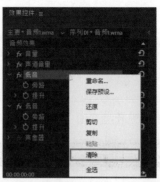

图 10-6

10.3 音频效果特效

音频效果可以使音频素材产生特殊的变化效果。【音频效果】文件夹中包含 64 个音频效果，例如，【吉他套件】【多功能延迟】【多频段压缩器】【模拟延迟】【带通】【用右侧填充左侧】【用左侧填充右侧】【强制限幅】【Binauralizer - Ambisonics】【FFT 滤波器】【扭曲】【低通】【低音】【Panner - Ambisonics】【平衡】【单频段压缩器】【镶边】【陷波滤波器】【卷积混响】【静音】【简单的陷波滤波器】【互换声道】【人声增强】【动态】【动态处理】【参数均衡】【反转】【和声 / 镶边】【图形均衡器 (10 段)】【图形均衡器 (20 段)】【图形均衡器 (30 段)】【声道音量】【室内混响】【延迟】【清除齿音】【消除嗡嗡声】【环绕声混响】【科学滤波器】【移相器】【立体声扩展器】【自动咔嗒声移除】【雷达响度计】【音量】【音高换挡器】【高通】和【高音】等效果，如图 10-7 所示。

图 10-7

10.3.1 吉他套件

【吉他套件】效果是可以优化和改变吉他音轨声音的处理器，其参数设置如图 10-8 所示。

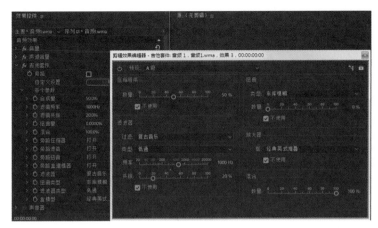

图 10-8

10.3.2 多功能延迟

【多功能延迟】效果为音频素材添加 4 层回音效果，其参数设置如图 10-9 所示。

※ 参数详解

【延迟 1/2/3/4】：设置音频素材与回声效果之间的延迟时间。

【反馈 1/2/3/4】：设置回声效果产生多重回声衰减的效果。

【级别 1/2/3/4】：设置回声效果每层的音量大小。

【混合】：设置音频素材与回声效果之间的混合程度。

10.3.3 多频段压缩器

【多频段压缩器】效果是一种三频段压缩器，其中有对应每个频段的控件，其参数设置如图 10-10 所示。当需要更柔和的声音压缩器时，可使用此效果代替"动力学"中的压缩器。

图 10-9

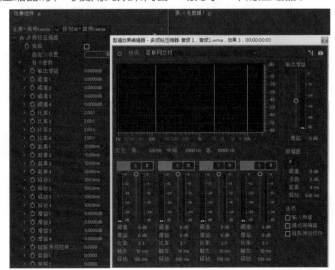

图 10-10

10.3.4 带通

【带通】效果可以消除音频素材中不需要的高低波段频率，其参数设置如图 10-11 所示。

※ 参数详解

【中心】：设置指定消除的音频频率。

【Q】：设置音频频率的带宽。

10.3.5 用右侧填充左侧

【用右侧填充左侧】效果是将音频素材右声道的音频信号复制并替换到左声道上，其参数设置如图 10-12 所示。

10.3.6 用左侧填充右侧

【用左侧填充右侧】效果是将音频素材左声道的音频信号复制并替换到右声道上，其参数设置如图 10-13 所示。

图 10-11

图 10-12

图 10-13

10.3.7 扭曲

【扭曲】效果可将少量砾石和饱和效果应用于任意音频，其参数设置如图 10-14 所示。

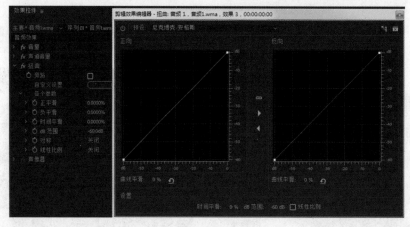

图 10-14

10.3.8 低通

【低通】效果用于设置音频素材中的指定频率数值，消除低于设定值的低频频率，保留高频频率，可以产生清脆的高音效果，其参数设置如图 10-15 所示。

10.3.9 低音

【低音】效果用于调整音频素材中的低音分贝值，改变低音效果，其参数设置如图 10-16 所示。

※ 参数详解

【提升】：设置音频素材中低音音量的增强或减弱数值。

10.3.10 平衡

【平衡】效果可以调整音频素材左右声道的音量大小，其参数设置如图 10-17 所示。

※ 参数详解

【平衡】：设置音频素材中左右声道的音量大小。当数值为正数时，可以提高右声道音量并降低左声道音量。当数值为负数时，可以提高左声道音量并降低右声道音量。

图 10-15

图 10-16

图 10-17

10.3.11 镶边

【镶边】效果通过混合与原始信号大致等比例的可变短时间延迟来产生效果，其参数设置如图 10-18 所示。

10.3.12 卷积混响

【卷积混响】效果就是在一个位置录制声音，然后将音响效果应用到不同的录制内容，使它听起来像在原始环境中录制的那样，其参数设置如图 10-19 所示。

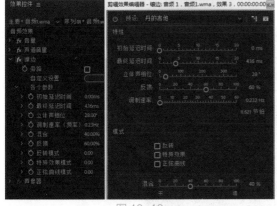

图 10-18

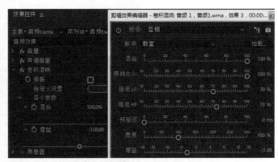
图 10-19

10.3.13 静音

【静音】效果是对音频素材或音频素材的左右声道的静音效果进行处理，其参数设置如图 10-20 所示。

※ 参数详解

【静音】：设置音频素材的静音效果。

【**静音1**】：设置音频素材的左声道静音效果。

【**静音2**】：设置音频素材的右声道静音效果。

10.3.14 简单的参数均衡

【简单的参数均衡】效果可以精确地调整音频素材指定范围内的频率波段，其参数设置如图 10-21 所示。

※ **参数详解**

【**中心**】：设置均衡频率波段范围的中心数值。

【**Q**】：设置音频特效效果的强度范围。

【**提升**】：设置调整音频素材的音量。

10.3.15 互换声道

【互换声道】效果可以交换音频素材中的左右声道，其参数设置如图 10-22 所示。

图 10-20　　　　　　　　　图 10-21　　　　　　　　　图 10-22

10.3.16 动态

【动态】效果是针对音频素材的中频信号进行调节，可以扩大或删除指定范围的音频信号，从而突出主体信号的音量，控制声音的柔和程度，其参数设置如图 10-23 所示。

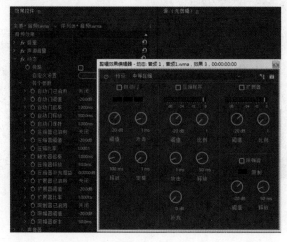

图 10-23

10.3.17 参数均衡器

【参数均衡器】效果用于实现音频参数均衡效果，可以设置音频素材中的声音频率、带宽、波段和多重波段均衡效果，其参数设置如图 10-24 所示。

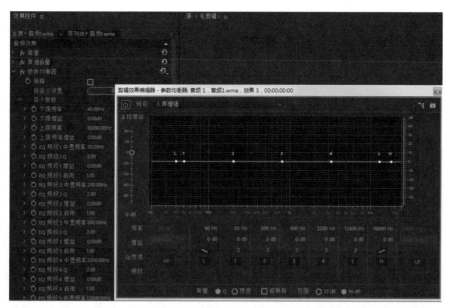

图 10-24

10.3.18 反转

【反转】效果可以反转声道状态，其参数设置如图 10-25 所示。

10.3.19 声道音量

【声道音量】效果可用于独立控制立体声、5.1 声道或轨道中的每条声道的音量，其参数设置如图 10-26 所示。每条声道的音量级别以分贝衡量。

※ 参数详解

【左】：设置音频素材中左声道音量的增强或减弱数值。

【右】：设置音频素材中右声道音量的增强或减弱数值。

10.3.20 延迟

【延迟】效果可以为音频素材添加回声效果，其参数设置如图 10-27 所示。

※ 参数详解

【延迟】：设置音频素材与回声效果的间隔时间。

【反馈】：设置回声效果的强度。

【混合】：设置音频素材与回声效果的混合程度。

图 10-25

图 10-26

图 10-27

实践操作 **延迟**

素材文件： 素材文件 / 第 10 章 / 音频 2.mp3

案例文件： 案例文件 / 第 10 章 / 延迟 .prproj

教学视频： 教学视频 / 第 10 章 / 延迟 .mp4

技术要点： 掌握【延迟】音频效果的使用方法。

STEP 1 将"音频 2.mp3"素材文件拖曳至音频轨道【A1】上，如图 10-28 所示。

STEP 2 激活【效果】面板，将【音频效果】>【延迟】效果拖曳至"音频 2.mp3"素材文件的【效果控件】面板中，如图 10-29 所示。

STEP 3 设置【延迟】效果的【延迟】为 0.100 秒，【反馈】为 70%，如图 10-30 所示。

图 10-28

图 10-29

图 10-30

STEP 4 制作完成后，可以在【节目监视器】面板中欣赏最终声音效果。

10.3.21 清除齿音

【清除齿音】效果用于清除音频素材录制时产生的齿音效果，使人物语言声音更加清楚，其参数设置如图 10-31 所示。

10.3.22 清除嗡嗡声

【清除嗡嗡声】效果可以从音频中消除不需要的 50 Hz/60 Hz 嗡嗡声，其参数设置如图 10-32 所示。此效果适用于 5.1、立体声或单声道素材。

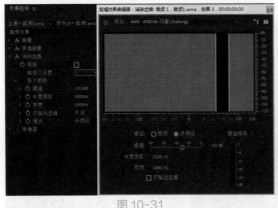
图 10-31

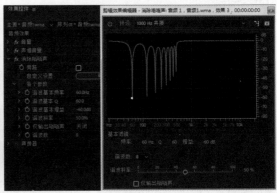
图 10-32

10.3.23 移相器

【移相器】效果用于接收输入信号的一部分，使相位移动一个变化的角度，然后将其混合回原始信号，其参数设置如图 10-33 所示。

10.3.24 自动咔嗒声移除

【自动咔嗒声移除】效果可以为音频素材自动降低或消除各种噪音，其中 20Hz 以下的音频都会被自动消除掉，其参数设置如图 10-34 所示。

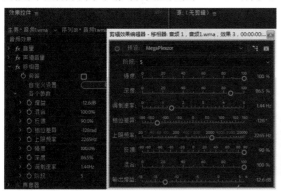

图 10-33　　　　　　　　　　　　　　　　　图 10-34

10.3.25 音量

【音量】效果可以调整音频素材音量的大小，其参数设置如图 10-35 所示。

※ 参数详解

【级别】：设置音频素材音量的大小。当数值为正数时，代表提高音量；当数值为负数时，则代表降低音量。

10.3.26 高通

【高通】效果可以设置音频素材中的指定频率数值。消除高于设定值的高频频率，保留低频频率，可以产生浑厚的低音效果，其参数设置如图 10-36 所示。

10.3.27 高音

【高音】效果用于调整音频素材中的高音分贝值，改变高音效果，其参数设置如图 10-37 所示。

※ 参数详解

【提升】：设置音频素材中高音音量的增强或减弱数值。

图 10-35　　　　　　　　　　图 10-36　　　　　　　　　　图 10-37

实践操作　高音

素材文件： 素材文件 / 第 10 章 / 音频 2.mp3

案例文件： 案例文件 / 第 10 章 / 高音 .prproj

教学视频： 教学视频 / 第 10 章 / 高音 .mp4

技术要点： 掌握【高音】音频效果的使用方法。

STEP 1 将"音频 2.mp3"素材文件拖曳至音频轨道【A1】上，如图 10-38 所示。

STEP 2 选中序列中的"音频 2.mp3"素材，然后双击【音频效果】>【高音】效果，如图 10-39 所示。

STEP 3 在【效果控件】面板中，设置【高音】效果的【提升】为 24.0dB，如图 10-40 所示。

图 10-38

图 10-39

图 10-40

STEP 4 制作完成后，可以在【节目监视器】面板中欣赏最终声音效果。

10.4 过时的音频效果

在【音频效果】文件夹中还包含着【过时的音频效果】这一类型的文件夹，这里面包含着 14 种旧版的音频效果，分别是【多频段压缩器】【Chorus】【DeClicker】【DeCrackler】【DeEsser】【DeHummer】【DeNoiser】【Dynamics】【EQ】【Flanger】【Phaser】【Reverb】【变调】和【频谱降噪】效果，如图 10-41 所示。

10.4.1 多频段压缩器

【多频段压缩器】效果可以根据音频中对应于低、中和高频率的三种带宽来压缩声音，其参数设置如图 10-42 所示。

图 10-41

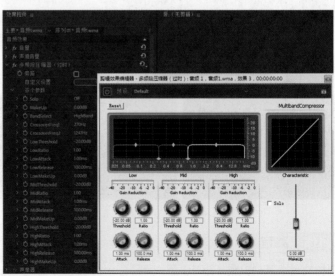

图 10-42

10.4.2 Chorus

【Chorus(合唱)】效果用于为音频素材添加和声的效果，可以用来模拟一些被演奏出来的声音或乐器的声音，其参数设置如图 10-43 所示。

※ 参数详解

LfoType(处理类型)：设置音频特效的类型。

Rate(速率)：设置音频特效的频率速度。

Depth(加深)：设置音频特效的变化幅度，使声音更自然。

Mix(混合)：设置音频素材和音频特效的混合程度。

FeedBack(回音)：设置音频特效的回音程度。

Delay(延迟)：设置音频特效的延迟时间。

图 10-43

10.4.3 DeClicker

【DeClicker(消除咔嚓声)】效果可以为音频素材自动降低或消除各种噪音，其中 20Hz 以下的音频都会被自动消除掉，其参数设置如图 10-44 所示。

※ 参数详解

Threshold(阈值)：设置消除噪音的范围。

DePlop(去除程度)：设置消除噪音的程度。

Mode(模式)：设置消除噪音的模式。

Audiotion(试听开关)：设置是否打开消除噪音后的试听模式。

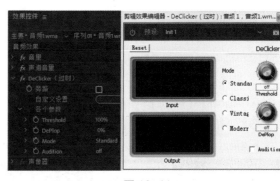

图 10-44

10.4.4 DeCrackler

【DeCrackler(清除爆音)】效果可以为音频素材自动降低或消除爆炸噪音，其参数设置如图 10-45 所示。

※ 参数详解

Threshold(阈值)：设置消除爆炸噪音的范围。

Reduction(降低)：设置消除爆炸噪音的数量。

Audiotion(试听开关)：设置是否打开消除爆炸噪音后的试听模式。

图 10-45

10.4.5 DeEsser

【DeEsser(清除齿音)】效果可以为音频素材自动降低或消除嘶嘶声，其参数设置如图 10-46 所示。

※ 参数详解

Gain(增益)：设置消除嘶嘶声的增益程度。

Gender(性别)：设置消除嘶嘶声的性别声音限制。

10.4.6 DeHummer

【DeHummer(消除嗡鸣声)】效果可以为音频素材自动降低或消除嗡鸣声，其参数设置如图 10-47 所示。

※ 参数详解

Reduction(降低)：设置消除嗡鸣声的数量。

Frequency(频率)：设置音频效果波段增大和减小的数量。

Filter(级别)：设置音频效果的运算级别。

10.4.7 DeNoiser

【DeNoiser(降噪)】效果可以为音频素材自动降低或消除噪音，其参数设置如图 10-48 所示。

※ 参数详解

Reduction(降低)：设置消除噪音的数量。

Offset(偏移)：设置消除噪音的偏移数量。

Freeze(冻结)：可以使某一波段的噪音信号值保持不变，确定音频素材消除的噪音量。

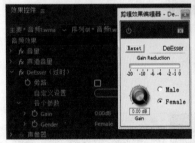

图 10-46　　　　　　图 10-47

图 10-48

10.4.8 Dynamics

【Dynamics(动态)】效果是针对音频素材的中频信号进行调节，可以扩大或删除指定范围的音频信号，从而突出主体信号的音量，控制声音的柔和程度，其参数设置如图 10-49 所示。

※ 参数详解

AutoGate(自动切断)：设置去除信号的范围。

Compressor(压缩器)：设置音频效果的柔和级别，并降低高音喧闹声音级别来均衡声音素材的动态范围。

Expander(扩展器)：设置一个频率的浮动范围。

Limit(限展器)：设置音频的峰值。

SoftClip(柔和器)：设置音频柔和的峰值。

10.4.9 EQ

【EQ(均衡)】效果用于实现音频参数均衡效果，可以设置音频素材中的声音频率、带宽、波段和多重波段均衡效果，其参数设置如图 10-50 所示。

图 10-49

图 10-50

※ 参数详解

Output：设置音频效果补偿过滤效果之后造成的频率波段的增加或减少。

Low、Mid 和 High：设置自定义滤波器的显示或隐藏。

Frequency(频率)：设置音频效果波段增大和减小的数量。

Gain(增益)：设置常量基础之上的频率值，增益可调整的范围为 –20 ~ 20dB。

Cut：设置需要从滤波器中过滤消除掉的高低频率波段。

Q：设置各个滤波器波频的范围。

10.4.10 Flanger

【Flanger】效果与【Chorus】效果类似，可以推迟声音时间，并与原始声音素材相混合，以达到理想的效果，其参数设置如图 10-51 所示。

※ 参数详解

Lfo Type(处理类型)：设置音频特效的类型。

Rate(速率)：设置音频特效的频率速度。

Depth(加深)：设置音频特效的变化幅度，使声音更自然。

Mix(混合)：设置音频素材和音频特效之间的混合程度。

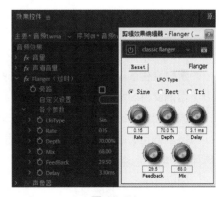

图 10-51

231

FeedBack(回音)：设置音频特效的回音程度。

Delay(延迟)：设置音频特效的延迟时间。

10.4.11 ▸ Phaser

【Phaser(反相器)】效果用于反转音频中的一部分频率的相位，并与原音频混合，其参数设置如图 10-52 所示。

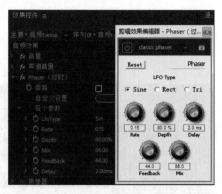

※ 参数详解

LfoType(处理类型)：设置音频特效的类型。

Rate(速率)：设置音频特效的频率速度。

Depth(加深)：设置音频特效的变化幅度，使声音更自然。

Mix(混合)：设置音频素材和音频特效的混合程度。

FeedBack(回音)：设置音频特效的回音程度。

Delay(延迟)：设置音频特效的延迟时间。

图 10-52

10.4.12 ▸ Reverb

【Reverb(混响)】效果可以模拟房间内的声音效果，通过调整参数模拟房间大小，其参数设置如图 10-53 所示。

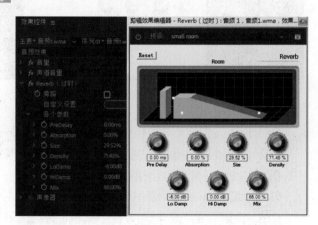

※ 参数详解

PreDelay(预延迟)：设置用于模拟声音碰撞到墙壁反弹回的时间。

Absorption(吸收)：用于设置声音吸收的比率。

Size(大小)：用于设置模拟房间的大小。

Density(密度)：用于设置反射声音的大小和密度。

图 10-53

LoDamp(低频衰减)：用于设置低频率的衰减时间。

HiDamp(高频衰减)：用于设置高频率的衰减时间。

Mix(混合)：设置音频素材和音频特效之间的混合程度。

实践操作 **混响**

素材文件： 素材文件 / 第 10 章 / 音频 1.wma

案例文件： 案例文件 / 第 10 章 / 混响 .prproj

教学视频： 教学视频 / 第 10 章 / 混响 .mp4

技术要点： 掌握【混响】音频效果的使用方法。

STEP 1 将 "音频 1.wma" 素材文件拖曳至音频轨道【A1】上，如图 10-54 所示。

图 10-54

STEP 2 双击【音频效果】>【过时的音频效果】>【Reverb(混响)】效果，如图 10-55 所示。

STEP 3 在【效果控件】面板中，设置【Reverb(混响)】效果的 PreDelay(预延迟)为 30.00 ms，设置 Size(大小)为 100%，Density(密度)为 90%，Mix(混合)为 100%，如图 10-56 所示。

图 10-55

图 10-56

STEP 4 制作完成后，可以在【节目监视器】面板中欣赏最终声音效果。

10.4.13 变调

【变调】效果可以调整音频素材波形，改变声音基调，从而产生特殊的音调效果，多用来模拟机器人声，其参数设置如图 10-57 所示。

※ 参数详解

pitch(声调)：设置音调，以半个音程为变化单位。

FineTune(微调)：对于音调参数半个音格之间的细微调整。

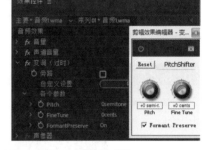

图 10-57

FormantPreserve(频高限制)：设置限制，防止产生爆破音。

10.4.14 频谱降噪

【频谱降噪】效果可以使用三个陷波滤波器组从音频信号中消除色调干扰，其参数设置如图 10-58 所示。它有助于消除原始素材中的杂音(如嗡嗡声和鸣笛声)。

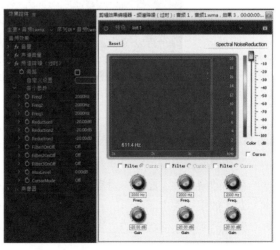

图 10-58

10.5 音频过渡

音频过渡又称为音频切换，是音频与音频之间的过渡衔接。音频过渡就是前一个音频逐渐减弱，后一个音频逐渐增强的过程。音频过渡效果主要是调整音频素材之间的音量变化，从而产生过渡效果。

10.6 编辑音频过渡效果

音频过渡效果的编辑方式与视频过渡效果的编辑方式相类似。

10.6.1 添加音频过渡效果

添加音频过渡效果，只需将音频过渡效果拖曳至两个素材之间即可，如图 10-59 所示。

图 10-59

10.6.2 替换音频过渡效果

替换音频过渡效果，只需要将新的过渡效果覆盖在原有的过渡效果之上即可，不必清除原有的过渡效果，如图 10-60 所示。

图 10-60

10.6.3 修改持续时间

音频过渡效果的持续时间是可以自由调整的，常用的方法有 3 种。

★ 在【效果控件】面板中直接修改数值，或拖曳【当前时间指示器】改变数值。

★ 对【效果控件】面板中的过渡效果边缘进行拖曳，以改变过渡效果的持续时间。

★ 对【时间轴】面板中的过渡效果边缘进行拖曳，以加长或缩短过渡效果的持续时间。

★ 在【时间轴】面板中的过渡效果处，执行右键菜单中的【设置过渡持续时间】命令。

★ 双击【时间轴】面板中的过渡效果，在弹出的【设置过渡持续时间】对话框中，修改持续时间。

10.6.4　修改对齐方式

音频过渡效果的作用区域是可以自由调整的，可以将过渡效果偏向于某个素材方向。【对齐】的下拉菜单中包括【中心切入】【起点切入】【终点切入】和【自定义起点】4 个选项，如图 10-61 所示。

图 10-61

【中心切入】：添加过渡效果到两个素材的中间处，此方式为默认对齐方式。

【起点切入】：添加过渡效果到第二个素材的开始位置。

【终点切入】：添加过渡效果到第一个素材的结束位置。

【自定义起点】：通过拖曳鼠标，自定义过渡效果开始和结束的位置。

10.6.5　删除音频过渡

删除音频过渡效果，只需在音频过渡效果上执行右键菜单中的【清除】命令即可，或选中序列中的过渡效果按 Delete 键。

10.7　交叉淡化过渡效果

【音频过渡】文件夹里只有【交叉淡化】一种音频过渡类型。这种过渡类型包含 3 个音频过渡效果，分别是【恒定功率】【恒定增益】和【指数淡化】，如图 10-62 所示。

10.7.1　恒定功率

【恒定功率】过渡效果利用淡化效果将前一个素材过渡到后一个素材，可以形成声音上淡入淡出的效果，如图 10-63 所示。这是默认的音频过渡类型。

10.7.2　恒定增益

【恒定增益】过渡效果利用曲线变化的方式调整音频素材音量形成过渡效果，如图 10-64 所示。

图 10-62

图 10-63

图 10-64

实践操作　音频过渡

素材文件：素材文件 / 第 10 章 / 音频 1.wma、音频 2.mp3

案例文件：案例文件 / 第 10 章 / 音频过渡 .prproj

教学视频：教学视频 / 第 10 章 / 音频过渡 .mp4

技术要点：掌握【恒定增益】音频过渡效果和【波纹删除】命令的使用方法。

STEP 1 ▸ 将"音频 1.wma"和"音频 2.mp3"素材文件拖曳至音频轨道【A1】上，如图 10-65 所示。

STEP 2 ▸ 分别将"音频 1.wma"的出点和"音频 2.mp3"的入点位置调整到 00:00:07:00 和 00:00:15:00 位置，如图 10-66 所示。

图 10-65　　　　　　　　　　　　　　图 10-66

STEP 3 ▸ 在两个素材之间位置，执行右键菜单中的【波纹删除】命令，将素材相连接，如图 10-67 所示。

STEP 4 ▸ 将"音频 2.mp3"的出点位置调整到 00:00:15:00 位置，如图 10-68 所示。

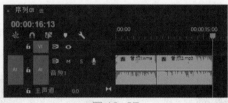

图 10-67　　　　　　　　　　　　　　图 10-68

STEP 5 ▸ 激活【效果】面板，将【音频过渡】>【交叉淡化】>【恒定增益】效果添加到两个素材之间，也添加到"音频 2.mp3"的出点位置，如图 10-69 所示。

STEP 6 ▸ 在【效果控件】面板中，设置【持续音量】效果的【持续时间】为 00:00:05:00，如图 10-70 所示。

图 10-69

图 10-70

STEP 7 ▸ 制作完成后，可以在【节目监视器】面板中欣赏最终声音效果。

10.7.3 ▸ 指数淡化

【指数淡化】过渡效果利用线性指数的计算方式，调整音频素材音量，形成过渡效果，如图 10-71 所示。

图 10-71

10.8　基本声音 🔍

【基本声音】是一个多合一的功能面板，是为用户提供混合技术和修复选项的一整套工具集。【基本声音】面板提供了一些简单的控件，用于统一音量级别、修复声音、提高清晰度以及添加特殊效果，以达到专业音频工程师混音的效果。

【基本声音】面板中将声音素材分为 4 种基本类型，分别是【对话】【音乐】【SFX】和【环境】，如图 10-72 所示。【基本声音】面板中可以通过配置预设，将设置快速应用于类型相同的一组或多个音频素材。

图 10-72

10.9　音轨混合器

在【音轨混合器】中，可在听取音频轨道和查看视频轨道时调整设置。每条音频轨道混合器轨道均对应于活动序列时间轴中的某个轨道，并会在音频控制台布局中显示时间轴音频轨道，如图 10-73 所示。通过双击轨道名称可将其重命名。还可使用音频轨道混合器直接将音频录制到序列的轨道中。

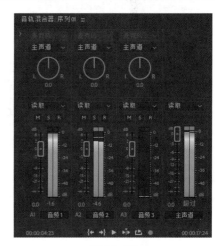

图 10-73

10.10　音频剪辑混合器

【音频剪辑混合器】具有检查器的作用。【音频剪辑混合器】的增益调节器会映射至素材的音量水平，而平移 / 平衡控制会映射至素材平移器。

使用【音频剪辑混合器】，可调整素材的音量、声道音量和素材平移。【音频剪辑混合器】中的轨道具有可扩展性，轨道的高度和宽度及其计量表取决于序列中的轨道数以及面板的高度和宽度。

可在【音频剪辑混合器】的菜单中为轨道设置关键帧模式，如图 10-74 所示。在播放期间拖曳某轨道的音量衰减器或声像控件，Premiere Pro CC 软件会调整播放轨道。使用【音频剪辑混合器】对声道进行调整时，Premiere Pro CC 软件会为素材创建关键帧。

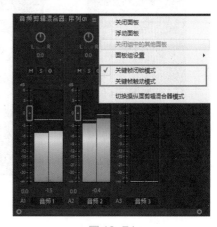

图 10-74

※ 参数详解

【关键帧闭锁模式】：调整属性时才启动自动模式。初始属性设置来自于上一步设置。

【关键帧触摸模式】：调整属性时才启动自动模式。当停止调整某属性时，其选项设置将返回到初始状态。返回速率取决于【自动匹配时间】音频首选项。

实践操作 **调整音量**

素材文件： 素材文件 / 第 10 章 / 音频 1.wma

案例文件： 案例文件 / 第 10 章 / 调整音量 .prproj

教学视频： 教学视频 / 第 10 章 / 调整音量 .mp4

技术要点： 掌握使用【音频剪辑混合器】调整音量的使用方法。

STEP 1 将"音频 1.wma"素材文件拖曳至音频轨道【A1】上，如图 10-75 所示。

STEP 2 调整轨道高度，在音频轨道【A1】上显示【剪辑关键帧】，如图 10-76 所示。

图 10-75

图 10-76

STEP 3 打开"音频 1.wma"素材文件的【音频剪辑混合器】面板，并激活【写关键帧】按钮，如图 10-77 所示。

STEP 4 播放音频素材，并在【音频剪辑混合器】面板中使用【音量】滑块调整素材音量，如图 10-78 所示。

STEP 5 制作完成后，可以在【节目监视器】面板中欣赏最终声音效果，并观察音频轨道上的关键帧显示，如图 10-79 所示。

图 10-77

图 10-78

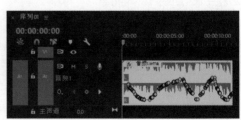

图 10-79

10.11 实训案例：古诗伴奏

10.11.1 案例目的

素材文件： 素材文件 / 第 10 章 / 古诗 .mp3、伴奏 .mp3
案例文件： 案例文件 / 第 10 章 / 古诗伴奏 .prproj
教学视频： 教学视频 / 第 10 章 / 古诗伴奏 .mp4
技术要点： 古诗伴奏案例可以使用户加深理解【音高换挡器】【音量】和【指数淡化】等效果，以及掌握【基本声音】面板和【音轨混合器】面板的使用方法。

10.11.2 案例思路

(1) 制作变调效果。
(2) 调整伴奏音量。

10.11.3 制作步骤

1. 设置项目

STEP 1 新建项目，设置项目名称为"古诗伴奏"。

STEP 2 创建序列。在【新建序列】对话框中，设置序列格式为【HDV】>【HDV 720p25】，设置【序列名称】为"古诗伴奏"。

STEP 3 导入素材。将"古诗 .mp3"和"伴奏 .mp3"素材导入到项目中，如图 10-80 所示。

图 10-80

2. 制作变调效果

STEP 1 将【项目】面板中的"古诗 .mp3"素材文件，拖曳至音频轨道【A1】上的 00:00:06:00 位置，如图 10-81 所示。

STEP 2 选中音频轨道【A1】上的"古诗 .mp3"素材文件，双击【效果】面板中的【音频效果】>【音高换挡器】效果和【音量】效果，如图 10-82 所示。

图 10-81

图 10-82

STEP 3 设置【半音阶】为 –10,【音分】为 –80,【精度】为"高精度",【拼接频率】为 200Hz,【重叠】为 35%,如图 10-83 所示。

STEP 4 设置【音量】的【级别】为 4.0dB,如图 10-84 所示。

STEP 5 选择序列中的"古诗 .mp3"素材,打开【基本声音】面板,选择【对话】类型,如图 10-85 所示。

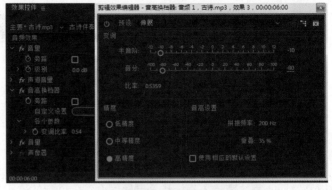

图 10-83

图 10-84

图 10-85

STEP 6 在【预设】的下拉菜单中选择"平衡的男声",如图 10-86 所示。

STEP 7 设置【响度】为"自动匹配",设置【修复】下的【减少杂色】为 10.0,【降低隆隆声】为 10.0,【消除齿音】为 10.0,如图 10-87 所示。

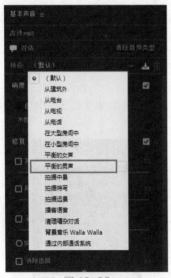

图 10-86

图 10-87

3. 调整伴奏音量

STEP 1 将【项目】面板中的"伴奏 .mp3"素材文件,拖曳至音频轨道【A2】上,如图 10-88 所示。

STEP 2 调整音频轨道【V2】的高度，设置显示【显示关键帧】>【轨道关键帧】>【音量】，如图 10-89 所示。

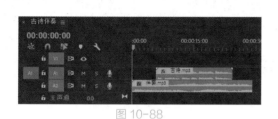

图 10-88

图 10-89

STEP 3 打开【音轨混合器】面板，选择音频轨道【音频 2】，设置模式为"触动"，如图 10-90 所示。

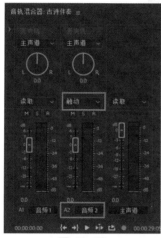

图 10-90

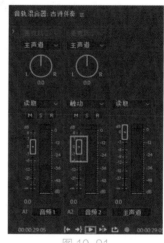

图 10-91

STEP 4 单击【播放 - 停止切换 (Space)】按钮 ▶，进行录制，单击【音量】按钮调整音频轨道【音频 2】的录制音量，如图 10-91 所示。

STEP 5 录制结束后，查看音频轨道【V2】上的轨道关键帧，如图 10-92 所示。

STEP 6 使用【钢笔工具】，微调轨道关键帧，如图 10-93 所示。

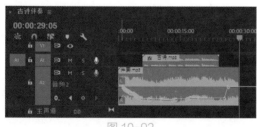

图 10-92

图 10-93

STEP 7 设置显示【显示关键帧】>【剪辑关键帧】，如图 10-94 所示。

STEP 8 激活【效果】面板，将【音频过渡】>【指数淡化】效果拖曳至"伴奏 .mp3"素材文件的出点位置，如图 10-95 所示。

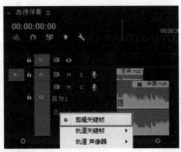

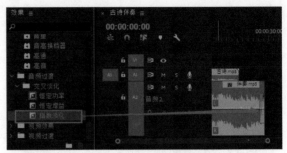

图 10-94　　　　　　　　　　　　　　　　图 10-95

STEP 9 ▶ 双击素材上的【指数淡化】效果，设置【持续时间】为 00:00:02:00，如图 10-96 所示。

图 10-96

STEP 10 ▶ 制作完成后，可以在【节目监视器】面板中欣赏最终声音效果。

文字和图形是视频动画作品中的重要组成部分，可以起到加强内容表达、美化画面的效果。文字能够快速有效地向观众传递信息，一般情况下可以为视频动画添加片头名称、片尾名单和对白台词等。现在视频动画作品越来越美观，文字和图形也可以起到装饰画面的效果。

11.1　创建图形

用户可以使用图形工作区和【基本图形】面板在 Premiere Pro CC 中直接创建图形，如文本、矩形，椭圆图形等。可使用【文字工具】和【形状工具】直接在【节目监视器】面板中创建图形，然后使用【基本图形】面板中的功能进行调整。

图形素材可包含多个文本和形状图层，类似于 Photoshop 中的图层，可以作为序列中的单个素材进行编辑。当首次创建文本或形状图层时，将在位于【当前时间指示器】位置的【时间轴】面板中创建包含该图层的图形素材。如果已经在序列中选择了图形素材，则创建的文本或形状图层将被添加到现有的图形素材中。

通过【基本图形】面板可以查看图层并对图形进行调整，包括调整单个图层的外观，更改图层顺序等。

11.1.1　创建文本图层

创建文本图层时，先要在【工具】面板中选择【文字工具】或【垂直文字工具】，如图 11-1 所示。然后，单击要放置文本的【节目监视器】面板，并开始输入文本内容，如图 11-2 所示。单击一次可在某个点创建文本，拖放可在一个框内创建文本。

图 11-1

或者在激活【时间轴】面板的情况下，执行菜单【图形】>【新建图层】>【文本】命令，也可创建文本图层。

在【节目监视器】面板中使用【选择工具】可以直接操作文本和形状图层。可以调整图层的位置、更改锚点、更改缩放、更改文本框的大小并旋转。

图 11-2

11.1.2 创建形状图层

可以使用【矩形工具】【椭圆工具】或【钢笔工具】，在【节目监视器】面板中创建自由形式的形状和路径，如图 11-3 所示。

或者在激活【时间轴】面板的情况下，执行菜单【图形】>【新建图层】>【矩形】或【椭圆】命令，也可创建形状图层。

图 11-3

11.1.3 创建素材图层

可以将图像和视频作为图形中的图层进行添加。只需执行菜单【图形】>【新建图层】>【来自文件】命令即可。

11.2 修改图形属性

激活图形图层，可以在【基本图形】面板或【效果控件】面板中修改图形属性。在【基本图形】面板的【编辑】选项卡中可以调整文本图形外观、字体大小等。

11.2.1 响应式设计

凭借动态图形的响应式设计，设计的滚动和图形能够以智能方式响应持续时间和图层放置的变化。

【响应式设计 - 位置】可以定义图形内部图层之间的关系。

【响应式设计 - 时间】可以保留常用作开场和结束的动画。可以在【效果控件】面板中查看并调整。

11.2.2 对齐并交换

【对齐并变换】选项区域用于设置对象的对齐方式、不透明度、位置和缩放等属性，如图 11-4 所示。

图 11-4

※ 参数详解

【垂直居中对齐】：设置所选择对象在垂直方向上居中于屏幕中心。

【水平居中对齐】：设置所选择对象在水平方向上居中于屏幕中心。

【位置】：设置所选择对象位置的横纵坐标数值。

【锚点】：设置所选择对象的变化的中心点。

【缩放】：设置所选择对象的缩放比例。取消缩放锁定，可以非等比例缩放。

【旋转】：设置所选择对象的旋转度数。

【不透明度】：设置文本对象的透明程度。

11.2.3 主样式

利用主样式，可以将文本属性 (如字体、颜色和大小) 定义为预设，以便在多个图层中快速应用和传播样式，如图 11-5 所示。为图形图层或文本图层应用主样式之后，文本会自动延续对主样式的所有更改，从而可以同时快速更改多个图形。

图 11-5

11.2.4　文本

图 11-6

【文本】选项区域用于设置文本对象的字体样式、字体大小和对齐方式等属性，如图 11-6 所示。

※ 参数详解

【字体】：设置文本对象的字体。

【字体样式】：设置文本对象的字体样式。

【字体大小】：设置文本对象的字体大小，默认值为 100。

【左对齐文本】：设置文本为靠左对齐。

【居中对齐文本】：设置文本为居中对齐。

【右对齐文本】：设置文本为靠右对齐。

【制表符宽度】：设置段落文本的制表符宽度，对段落文本进行排列的格式化处理。

【字距间距】：设置文本字符之间的距离。

【字偶间距】：设置文本对象的字间距。

【行距】：设置文本对象行与行之间的距离。

【基线位移】：设置文本对象基线的位置。

【比例间距】：设置文本字符之间的间距比例。

11.2.5　外观

图 11-7

【外观】选项区域用于设置对象的填充、描边和阴影等属性，如图 11-7 所示。

※ 参数详解

【填充】：设置文本或图形对象的填充颜色。

【描边】：设置文本或图形对象的描边颜色和描边大小。

【阴影】：设置文本或图形对象的阴影效果。

【颜色】：设置文本或图形对象阴影的颜色。

【不透明度】：设置文本或图形对象阴影的透明程度。

【角度】：设置文本或图形对象阴影的投射角度。

【距离】：设置文本或图形对象与阴影之间的距离。

【模糊】：设置文本或图形对象阴影的模糊程度。

实践操作　修改图形属性

素材文件： 素材文件 / 第 11 章 / 爱宠 .png

案例文件： 案例文件 / 第 11 章 / 修改图形属性 .prproj

教学视频： 教学视频 / 第 11 章 / 修改图形属性 .mp4

技术要点： 掌握修改图形属性的方法。

STEP 1　新建背景。在【项目】面板中，执行右键菜单中的【新建项目】>【颜色遮罩】命令，设置颜色为 (90,85,200)，如图 11-8 所示。

STEP 2　将"颜色遮罩"素材文件拖曳至视频轨道【V1】上，如图 11-9 所示。

图 11-8

图 11-9

STEP 3 激活【时间轴】面板，执行菜单【图形】>【新建图层】>【来自文件】命令，选择"爱宠.png"素材，如图 11-10 所示。

STEP 4 激活视频轨道【V2】上"图形"素材的【效果控件】面板，设置【位置】为 (350.0,360.0)，如图 11-11 所示。

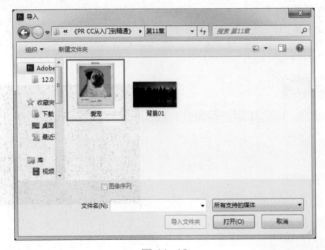

图 11-10

图 11-11

STEP 5 新建文本。在【工具】面板中选择【文字工具】，然后在【节目监视器】面板中输入"我的爱宠"，如图 11-12 所示。

STEP 6 在【基本图形】面板中，设置【位置】为 (650.0,370.0)，【字体】为"隶书"，【字体大小】为 120；【填充】为 (255,200,200)，勾选【阴影】复选框，设置【距离】为 10.0，【模糊】为 20，如图 11-13 所示。

STEP 7 在【节目监视器】面板中查看最终效果，如图 11-14 所示。

图 11-12

图 11-13

图 11-14

11.3 主图形

可以将图形图层或文本图层升级为主图形素材，使其在【项目】面板中显示，以方便更改和使用。要想升级为主图形，只需选择图形或文本元素，然后执行菜单【图形】>【升级为主图】命令即可。

11.4 滚动文本

滚动文本是区别于静止字幕的动态字幕，具有运动的效果。滚动字幕多用于影视动画的开始和结束位置。

在【基本图形】面板的【编辑】选项卡中，勾选【滚动】复选框，即可设置滚动文本，如图 11-15 所示。

※ 参数详解

【滚动】：设置文本从下向上的垂直滚动显示。

【启动屏幕外】：勾选该复选框，设置文本从屏幕外开始进入画面。

图 11-15

【结束屏幕外】：勾选该复选框，设置文本移动出屏幕外结束。

【预卷】：设置停留多长时间后，文本开始运动。

【缓入】：设置文本运动开始时由慢到快的时长。

【缓出】：设置文本运动结束前由快到慢的时长。

【过卷】：设置文本结束前的静止时长。

实践操作 滚动文本

素材文件： 素材文件 / 第 11 章 / 背景 02.jpg、草 .txt

案例文件： 案例文件 / 第 11 章 / 滚动文本 .prproj

教学视频： 教学视频 / 第 11 章 / 滚动文本 .mp4

技术要点： 掌握应用滚动字幕的方法。

STEP 1 将【项目】面板中的"背景 02.jpg"素材文件拖曳至视频轨道【V1】上，如图 11-16 所示。

STEP 2 使用【文字工具】在【节目监视器】面板中输入"草 .txt"中的内容，如图 11-17 所示。

图 11-16　　　　　　　　　　　　图 11-17

STEP 3 设置【字体】为"楷体"，【字体大小】为 60，【行距】为 50，【填充】为 (0,0,0)，如图 11-18 所示。

图 11-18

STEP 4 设置文本滚动。单击【时间轴】面板中的文本图层，在【基本图形】面板的【编辑】选项卡中，选择【滚动】复选框，并勾选【启动屏幕外】和【结束屏幕外】复选框，如图 11-19 所示。

STEP 5 将序列中素材的出点调整到 00:00:10:00 位置，如图 11-20 所示。

图 11-19　　　　　　　　　　　　图 11-20

STEP 6 在【节目监视器】面板中查看最终动画效果，如图 11-21 所示。

图 11-21

11.5　旧版标题

　　【旧版标题】面板是单独设置字幕功能的面板，具有独立而强大的字幕编辑功能，如图 11-22 所示。Premiere Pro CC(2017) 版本使用【基本图形】面板替代之前的【字幕编辑】面板，并在【工具】面板中添加了【文字工具】。这些更新可以使用户更为直接地编辑字幕，但为了迎合老用户的习惯，依旧保留了【旧版标题】面板。可执行菜单【文件】>【新建】>【旧版标题】命令，打开【旧版标题】面板，如图 11-23 所示。

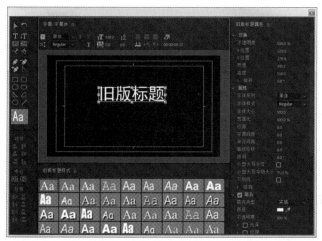

图 11-22

图 11-23

11.6　实训案例：泡沫

11.6.1　案例目的

　　素材文件： 素材文件 / 第 11 章 / 泡沫背景 .jpg、泡沫 LOGO.png、泡沫 .mp3、泡沫 .txt
　　案例文件： 案例文件 / 第 11 章 / 泡沫 .prproj
　　教学视频： 教学视频 / 第 11 章 / 泡沫 .mp4
　　技术要点： 泡沫案例可以使用户加深理解字幕和图形的使用方法。

11.6.2 案例思路

(1) 使用【图形】菜单插入图像

(2) 使用【图形】菜单创建文本和图形素材。

(3) 通过【阴影】属性，制作出光感效果。

(4) 设置滚动字幕，模拟滚动歌词出现方式。

(5) 设置擦除效果，制作播放进度动画。

11.6.3 制作步骤

1. 设置项目

STEP 1 新建项目，设置项目名称为"泡沫"。

STEP 2 创建序列。在【新建序列】对话框中，设置序列格式为【HDV】>【HDV 720p25】，设置【序列名称】为"泡沫"。

STEP 3 导入素材。将"泡沫背景 .jpg"和"泡沫 .mp3"素材导入到项目中，如图 11-24 所示。

2. 设置静态素材

STEP 1 将"泡沫背景 .jpg"素材文件拖曳至视频轨道【V1】上，如图 11-25 所示。

STEP 2 激活【时间轴】面板,执行菜单【图形】>【新建图层】>【来自文件】命令，选择"泡沫 LOGO.png"素材，如图 11-26 所示。

图 11-24

图 11-25

图 11-26

STEP 3 在【基本图形】面板中，设置【位置】为 (70.0,665.0),【缩放】为 13，如图 11-27 所示。

图 11-27

STEP 4 激活【时间轴】面板，执行菜单【图形】>【新建图层】>【文本】命令，输入文本"泡沫

G.E.M.", 如图 11-28 所示。

STEP 5 在【基本图形】面板中，设置【位置】为 (130.0,660.0),【缩放】为 100,【字体】为"楷体",【字体大小】为 40,【填充】为 (255,120,120), 如图 11-29 所示。

STEP 6 激活【时间轴】面板，继续执行菜单【图形】>【新建图层】>【矩形】命令。

STEP 7 在【基本图形】面板中，设置【位置】为 (130.0,680.0), 关闭【设置缩放锁定】，设置【缩放】为 (5,160),【填充】为 (255,120,120), 如图 11-30 所示。

图 11-28

图 11-29　　　　　图 11-30

3. 设置滚动字幕

STEP 1 使用【文字工具】在【节目监视器】面板中输入"泡沫 .txt"中的内容，如图 11-31 所示。

STEP 2 在【基本图形】面板中，设置【位置】为 (780.0,100.0),【缩放】为 100,【字体】为"楷体",【字体大小】为 60,【行距】为 50,【填充】为 (255,120,120), 如图 11-32 所示。

STEP 3 单击文本选择框的空白处。在【基本图形】面板的【编辑】选项卡中，勾选【滚动】复选框，并勾选【启动屏幕外】和【结束屏幕外】复选框，如图 11-33 所示。

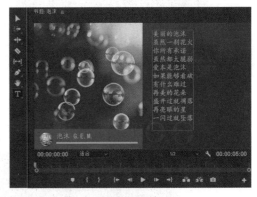

图 11-31

4. 设置播放动画

STEP 1 将【项目】面板中的"泡沫 .mp3"素材，拖曳至音频轨道【A1】上，并将视频轨道上所有素材的出点与之对齐，如图 11-34 所示。

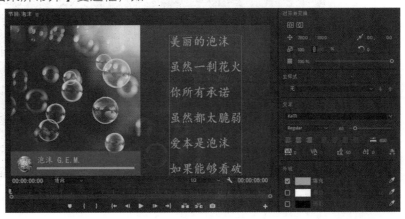

图 11-32

图 11-33

图 11-34

STEP 2 激活视频轨道【V4】中"图形"图形素材的【效果控件】面板，展开【形状 (形状 01)】属性，如图 11-35 所示。

STEP 3 将【当前时间指示器】移动到 00:00:00:00 位置，设置【变换】>【水平缩放】为 0; 将【当前时间指示器】移动到 00:00:42:00 位置，设置【过渡完成】为 160，如图 11-36 所示。

图 11-35

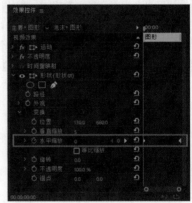

图 11-36

STEP 4 在【节目监视器】面板中查看最终动画效果，如图 11-37 所示。

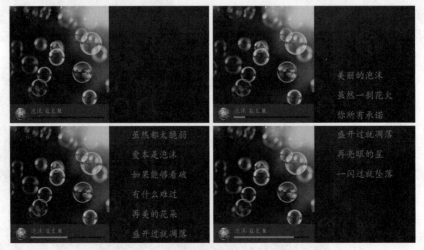

图 11-37

第 12 章

导 出

导出是影视编辑的最后一个环节，是软件制作的最终目的，选择一个适合的导出方式尤为重要。在 Premiere Pro CC 中制作完成一部视频作品后，用户就要根据需求选择是导出与其他软件交互的交换文件，还是输出最终保存的影视图像文件。无论是导出还是输出，都有很多种格式，学习各种格式的特点，选择最佳方式。

12.1 导出文件

Premiere Pro CC 中提供了多种导出格式，可以根据需要选择导出类型，以方便保存观赏或在其他软件中再次编辑使用。

执行菜单【文件】>【导出】命令，可以选择文件导出的类型。导出类型包括【媒体】【字幕】【磁带】、EDL、OMF 和 Final Cut Pro XML 等，如图 12-1 所示。

【媒体】：打开【导出设置】对话框，设置媒体输出的各种格式。

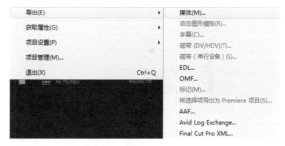

图 12-1

【字幕】：导出 Premiere Pro CC 软件中创建的字幕文件。

【磁带】：将音视频文件导出到专业录像设备的磁带上。

EDL(编辑决策列表)：导出一个描述剪辑过程的数据文件，以方便导入到其他软件中再次编辑。

OMF(公开媒体框架)：可以将激活的音频轨道导出为 OMF 格式，以方便导入到其他软件中再次编辑。

AAF(高级制作各式)：导出为较为通用的 AAF 格式，以方便导入到其他软件中再次编辑。

Final Cut Pro XML(Final Cut Pro 交换文件)：导出数据文件，以方便导入到苹果平台的 Final Cut Pro 剪辑软件上再次编辑。

12.2 输出单帧图像

在 Premiere Pro CC 中可以对素材文件中的任意一帧进行单独输出，输出为静态图像格式，常用的格式有 BMP、JPEG 和 PNG 等，如图 12-2 所示。

实践操作 **输出单帧**

素材文件： 素材文件 / 第 12 章 / 视频 .mp4

案例文件： 案例文件 / 第 12 章 / 输出单帧 .prproj

教学视频： 教学视频 / 第 12 章 / 输出单帧 .mp4

技术要点： 掌握输出单帧的方法。

STEP 1 将【项目】面板中的"视频 .mp4"素材文件拖曳至视频轨道【V1】上，如图 12-3 所示。

STEP 2 激活【时间轴】面板，执行菜单【文件】>【导出】>【媒体】命令，如图 12-4 所示。

STEP 3 在弹出的【导出设置】对话框中，设置【格式】为 JPEG，单击【输出名称】里的文件名称，选择文件的输出位置，设置名称为"单帧"，在【视频】选项卡中取消勾选【导出为序列】复选框，最后单击【导出】按钮即可，如图 12-4 所示。

图 12-2

图 12-3

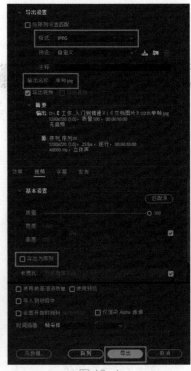

图 12-4

STEP 4 在资源管理器中查看输出文件，如图 12-5 所示。

图 12-5

| 12.3 输出序列帧图像 🔍

为了将编辑制作好的影片在清晰度最高、损失最小的情况下，导出到其他软件中继续编辑制作，就需要将视频文件输出为序列帧文件。在 Premiere Pro CC 中可以将视频文件输出为一组序列帧图像。

实践操作 **输出序列帧**

素材文件： 素材文件 / 第 12 章 / 视频 .mp4
案例文件： 案例文件 / 第 12 章 / 输出序列帧 .prproj
教学视频： 教学视频 / 第 12 章 / 输出序列帧 .mp4
技术要点： 掌握输出序列帧的方法。

STEP 1 将【项目】面板中的"视频 .mp4"素材文件拖曳至视频轨道【V1】上，如图 12-6 所示。

STEP 2 激活制作序列的【时间轴】面板，执行菜单【文件】>【导出】>【媒体】命令。

图 12-6

STEP 3 在弹出的【导出设置】对话框中，设置【格式】为 JPEG，单击【输出名称】里的文件名称，选择文件的输出位置，设置名称为"序列"，在【视频】选项卡中勾选【导出为序列】复选框，最后单击【导出】按钮即可，如图 12-7 所示。

STEP 4 在资源管理器中查看输出文件，如图 12-8 所示。

图 12-7

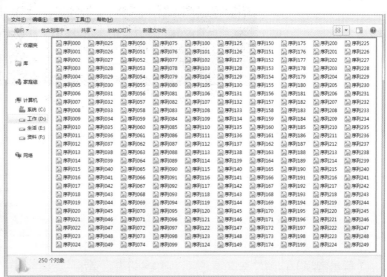

图 12-8

| 12.4 输出音频格式 🔍

在 Premiere Pro CC 中可以对音频文件进行单独输出，一般会输出为 MP3 和 WAV 等格式，如图 12-9 所示。

实践操作 | **输出音频**

素材文件： 素材文件 / 第 12 章 / 视频 .mp4

案例文件： 案例文件 / 第 12 章 / 输出音频 .prproj

教学视频： 教学视频 / 第 12 章 / 输出音频 .mp4

技术要点： 掌握输出音频的方法。

STEP 1 将【项目】面板中的"视频 .mp4"素材文件拖曳至视频轨道【V1】上，如图 12-10 所示。

STEP 2 激活【时间轴】面板，执行菜单【文件】>【导出】>【媒体】命令。

STEP 3 在弹出的【导出设置】对话框中，设置【格式】为 MP3，单击【输出名称】里的文件名称，选择文件的输出位置，设置名称为"音频"，再单击【导出】按钮即可，如图 12-11 所示。

图 12-9

图 12-10

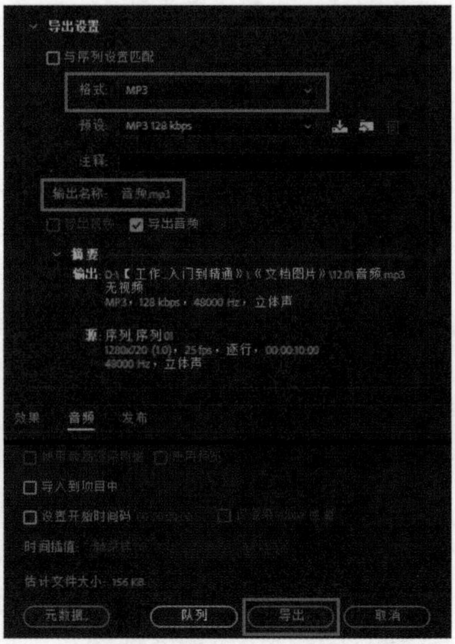

图 12-11

※ **参数详解**

【**与序列设置匹配**】：勾选该复选框，则以序列设置的属性来定义输出影片的文件属性。

【**格式**】：用来设置输出音视频文件的格式。

【**预设**】：用来设置定义好的制式选项。

【**注释**】：用来标注输出音视频文件的说明。

【**输出名称**】：用来设置输出文件的文件名称和路径。

【**导出视频**】：取消勾选该复选框，则文件不输出视频。

【**导出音频**】：取消勾选该复选框，则文件不输出音频。

【**摘要**】：显示文件的输出路径、文件名称、尺寸大小和质量等信息。

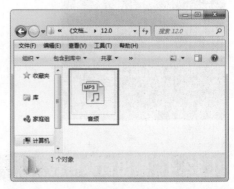

STEP 4 在资源管理器中查看输出文件，如图 12-12 所示。

图 12-12

12.5 输出视频影片

素材文件编辑制作完成后就需要选择适合的视频格式，并对格式进行详细的设置，以便达到最为合适的视频输出效果。常用的视频格式有 AVI、MPEG 和 MP4 等，如图 12-13 所示。

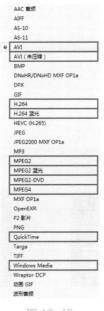

图 12-13

12.6 实训案例：功夫熊猫

12.6.1 案例目的

素材文件： 素材文件 / 第 12 章 / 序列 / 序列 000.jpg ～序列 099.jpg、序列 .mp3
案例文件： 案例文件 / 第 12 章 / 功夫熊猫 .prproj
教学视频： 教学视频 / 第 12 章 / 功夫熊猫 .mp4
技术要点： 功夫熊猫案例可以使用户加深理解输出 AVI 和 MPEG 格式影片。

12.6.2 案例思路

(1) 将"序列 000.jpg"等图片素材文件以序列帧的形式导入到项目中。
(2) 将"序列 .mp3"素材文件导入到软件项目中。
(3) 输出 AVI 格式影片。
(4) 输出 MPEG 格式影片。

12.6.3 制作步骤

1. 设置项目

STEP 1 新建项目，设置项目名称为"功夫熊猫"。

STEP 2 创建序列。在【新建序列】对话框中，设置序列格式为【HDV】>【HDV 720p25】，设置【序列名称】为"功夫熊猫"。

STEP 3 导入素材。将"序列 000.jpg"序列素材和"序列 .mp3"素材导入到项目中，如图 12-14 所示。

STEP 4 分别将"序列 .mp3"素材文件和"序列 000.jpg"序列素材文件拖曳至音视频轨道【A1】和【V1】上，如图 12-15 所示。

图 12-14

2. 输出 AVI 格式影片

STEP 1 执行菜单【文件】>【导出】>【媒体】命令，在【导出设置】对话框中，设置【格式】为 AVI，单击【输出名称】中的文件名称，设置文件名为"功夫熊猫"，选择文件的输出位置，如图 12-16 所示。

图 12-15

图 12-16

STEP 2 在【视频】选项卡中，设置【视频编解码器】为 None，取消【基本视频设置】的【选择在调整大小时保持帧长宽比不变】链接，设置【宽度】为 1280，【高度】为 720，【帧速率】为 25，【场序】为"逐行"，【长宽比】为"方形像素 (1.0)"，如图 12-17 所示。

STEP 3 在【音频】选项卡中，设置【采样率】为 48000Hz，如图 12-18 所示。最后单击【导出】按钮，输出 AVI 格式影片。

图 12-17

图 12-18

3. 输出 MPEG 格式影片

STEP 1 执行菜单【文件】>【导出】>【媒体】命令，在【导出设置】对话框中，设置【格式】为 MPEG2，【预设】为"HD 720p 25"，单击【输出名称】里的文件名称，设置文件名为"功夫熊猫"，选择文件的输出位置，如图 12-19 所示。

图 12-19

STEP 2 检查【视频】选项卡中的【基本视频设置】，设置【宽度】为 1280，【高度】为 720，【帧速率】为 25，【场序】为"逐行"，【长宽比】为"宽屏 16:9"，如图 12-20 所示。

STEP 3 在【音频】选项卡中，设置【采样率】为 48000Hz，如图 12-21 所示。最后单击【导出】按钮，输出 MPEG2 格式影片。

图 12-20

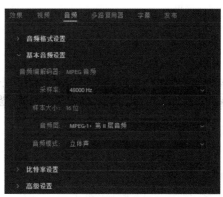

图 12-21

4. 查看输出文件

在资源管理器中查看输出文件，如图 12-22 所示。

图 12-22

第13章
👆 综合案例

通过对前面章节的学习，我们已经对 Premiere Pro CC 的软件功能和使用技巧有了一个全面的理解和掌握。本章将通过讲解电子相册、电影宣传片、包装宣传片 3 个综合案例的制作过程，使用户对 Premiere Pro CC 在商业领域的应用有一个全面的了解和掌握。由于篇幅有限，用户可以扫描右侧的二维码在线阅读详细的案例制作过程，也可以下载到手机或者电脑上随时阅读。同时，配合随书赠送的教学视频，可以更好地理解和掌握案例的制作思路和方法。

| 13.1 咖啡专辑 🔍 ➡

咖啡专辑案例是制作动态的电子相册，将有趣的照片或摄影片段进行组合，以便留住美好的记忆。电子相册多用于制作婚礼庆典或儿童成长等。本案例将多张精美的咖啡图片，以多种不同的表现方式进行贯穿，以便记录关于咖啡的美好时光。

素材文件： 素材文件 / 第 13 章 / 咖啡专辑 / 咖啡 01.jpg ~ 咖啡 08.jpg、Logo.png 和背景音乐 .mp3

案例文件： 案例文件 / 第 13 章 / 咖啡专辑 .prproj

教学视频： 教学视频 / 第 13 章 / 咖啡专辑 .mp4

技术要点： 掌握制作咖啡专辑案例的方法。

根据一首背景音乐，将多张精美的咖啡图片进行串联。案例制作过程主要分为 4 部分，分别是片头、场景一、场景二和场景三，效果如图 13-1 所示。

图 13-1

图 13-1(续)

13.2 电影宣传片 🔍 ➡

宣传片属于影片剪辑类型，制作宣传片就是将电影中的精彩镜头进行选择、取舍、分解与重新组接，最终剪辑成一部精彩的宣传短片的过程。Premiere Pro CC 软件具有极其强大的剪辑功能，非常适合制作影片剪辑。

素材文件： 素材文件 / 第 13 章 / 宣传片 / 视频 .mp4、背景音乐 .mp3

案例文件： 案例文件 / 第 13 章 / 宣传片 .prproj

教学视频： 教学视频 / 第 13 章 / 宣传片 .mp4

技术要点： 掌握制作宣传片的方法。

宣传片是根据背景音乐将电影中的精彩镜头进行贯穿，激发观众观看影片的欲望。案例制作过程主要分为 3 部分，分别是场景一、场景二和场景三，如图 13-2 所示。

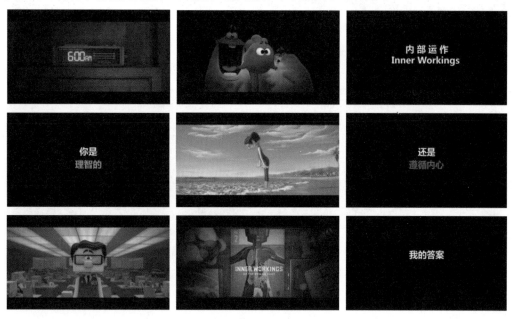

图 13-2

13.3 度假酒店

　　度假酒店宣传片是包装宣传片，是对商业内容宣传展示的动态视频。包装宣传片能非常有效地把企业形象提升到一个新的层次，更好地把企业的产品和服务展示给大众，也能非常详细地说明产品的功能、用途及其优点，诠释企业的文化理念。包装宣传片是以传达广告信息、服务于商业行为为目的的，因此，吸引消费者、使商品畅销是它的第一任务。本案例通过精彩的图片、清晰的照片，将度假酒店的文化风格、服务内容、住宿环境有效地展示在大众面前。

　　素材文件： 素材文件 / 第 13 章 / 度假酒店 / 图片 01.jpg ~ 图片 08.jpg、图标 01.png 和背景音乐 .mp3

　　案例文件： 案例文件 / 第 13 章 / 度假酒店 .prproj

　　教学视频： 教学视频 / 第 13 章 / 度假酒店 .mp4

　　技术要点： 掌握制作度假酒店宣传片的方法。

　　制作动态主题 Logo，并将其作为短片素材。将多张图片与字幕结合，凸显酒店服务内容。案例制作过程主要分为 6 部分，分别是片头、场景一、场景二、场景三、场景四和片尾，如图 13-3 所示。

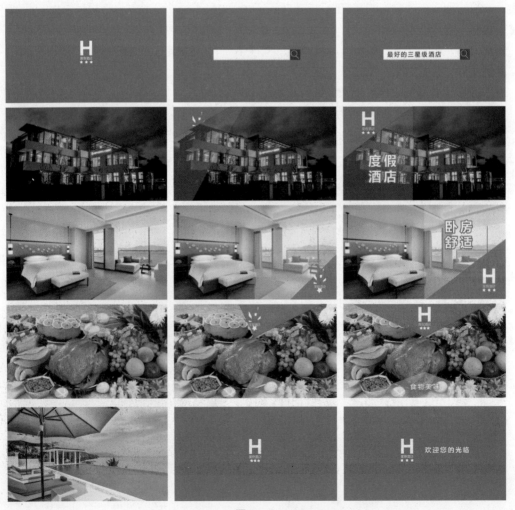

图 13-3